中国母乳 营养成分地理分布图集（2024年）

◎ 赖建强　杨振宇　主编

U0349679

中国农业科学技术出版社

图书在版编目（CIP）数据

中国母乳营养成分地理分布图集 . 2024 年 / 赖建强，杨振宇主编 . -- 北京：中国农业科学技术出版社，2024.5
ISBN 978-7-5116-6646-8

Ⅰ.①中… Ⅱ.①赖… ②杨… Ⅲ.①母乳—营养成分—地理分布—中国—图集 Ⅳ.① Q592.6-64

中国国家版本馆 CIP 数据核字（2024）第 017929 号

本书地图经北京市规划和自然资源委员会审核

审图号：GS 京（2024）1244 号

责任编辑	周　朋
责任校对	王　彦
责任印制	姜义伟　王思文

出 版 者	中国农业科学技术出版社
	北京市中关村南大街 12 号　　邮编：100081
电　　话	（010）82103898（编辑室）　（010）82106624（发行部）
	（010）82109702（读者服务部）
网　　址	https:// castp.caas.cn
经 销 者	各地新华书店
印 刷 者	北京建宏印刷有限公司
开　　本	185 mm×260 mm　1/16
印　　张	9
字　　数	120 千字
版　　次	2024 年 5 月第 1 版　2024 年 5 月第 1 次印刷
定　　价	88.00 元

编 委 会

主　编　赖建强　中国疾病预防控制中心

　　　　杨振宇　中国疾病预防控制中心营养与健康所

副主编　任向楠　中国疾病预防控制中心营养与健康所

　　　　李淑娟　中国疾病预防控制中心营养与健康所

编　者　王　烨　中国疾病预防控制中心营养与健康所

　　　　毕　烨　中国疾病预防控制中心营养与健康所

　　　　姜　珊　中国疾病预防控制中心营养与健康所

　　　　张环美　中国疾病预防控制中心营养与健康所

　　　　庞学红　中国疾病预防控制中心营养与健康所

　　　　王　杰　中国疾病预防控制中心营养与健康所

　　　　段一凡　中国疾病预防控制中心营养与健康所

　　　　邢新新　中国疾病预防控制中心营养与健康所

序 言

FOREWORD

　　母乳，作为进化的恩赐，是自然选择的产物，对人类文明的存续起着至关重要的作用。在人类生命的起点，母乳以其无与伦比的营养价值，为无数婴儿提供了最初的滋养。它不仅是新生儿的天然食物，更是一份充满爱与关怀的礼物。今天，我们自豪地呈现《中国母乳营养成分地理分布图集（2024年）》这本书，这是一部汇集了国内母乳营养成分研究宝贵成果的力作，由中国营养学专家精心编纂。它不仅给专业人员提供了丰富的参考资料，也为所有关心婴幼儿健康成长的人士提供了科学依据。

　　母乳是婴儿最理想的天然食物，含有丰富的营养素、免疫活性物质和水分，能够满足0～6个月婴儿生长发育所需的全部营养，是任何配方奶、牛羊奶等无法替代的。母乳喂养可以显著降低婴儿患感冒、腹泻、肺炎等疾病的风险，促进婴儿体格和大脑发育，同时减少母亲产后出血、乳腺癌、卵巢癌的发生风险。促进母乳喂养是保障母婴健康、推进健康中国建设的重要基础性工作。为进一步促进母乳喂养，维护母婴权益，保障实施优化生育政策，落实《"健康中国2030"规划纲要》《健康中国行动（2019—2030年）》《国民营养计划（2017—2030年）》，国家卫生健康委员会等15个部门共同制定了《母乳喂养促进行动计划（2021—2025年）》。

　　值得一提的是，尽管我们对母乳成分已有深入的了解，母乳中还有很多我们不知道的物质。关键问题在于我们如何能发现它们，并应用好研究成果，这是我们探索母乳科学的动力。我们希望与各位专家、朋友合作，共同研究，共享成果，推动人类文明进步。

　　本书的研究成果首次呈现了中国母乳营养成分的地理分布图，这不仅是中国母乳研究领域的一大突破，也是对全球婴幼儿营养学研究的重要贡献。它不仅为科研人员提供了直观的数据，也为政策制定者提供了科学的参考。母乳成分研究是母乳科学研究的基础。只有深入理解母乳的成分、健康效应及其影响因素，我们才能破解人类生命早期营养的密码，更好地推进母乳喂养的实践与研究。

《中国母乳营养成分地理分布图集（2024年）》的出版，彰显了我们对婴幼儿健康成长所作出的坚定承诺，也是我们为母乳研究领域贡献的一份力量。在此，我们向所有参与本书编写的专家学者表示最诚挚的感谢，他们的辛勤工作和无私奉献使这一科学成果得以呈现。特别感谢中国疾病预防控制中心母乳科学研究重点实验室提供的大力支持。同时，我们也期待本书能够激发更多的研究兴趣，推动母乳营养成分研究的进一步发展，为未来的研究和实践提供坚实的基石，为全球婴幼儿的健康与福祉贡献力量。

愿《中国母乳营养成分地理分布图集（2024年）》成为连接科学与实践的桥梁，为每一个渴望了解和利用母乳力量的人提供指引和启迪。遵循自然规律，鼓励母乳喂养，我们为守护每一个新生命的健康成长而共同努力。

编 者

2024 年 4 月

前 言

PREFACE

母乳成分是母乳科学研究的重要内容。早在 200 多年前，人们就开始了对母乳成分的分析和研究。当前，我们认识到母乳不仅具有营养作用，还具有生物活性，对婴儿健康具有近期和长期保护作用，如减少儿童中耳炎、胃肠炎和呼吸道感染；同时，母乳喂养对降低儿童期乃至成人期肥胖、2 型糖尿病和心血管疾病风险具有重要作用。

截至目前，已知母乳中含有超过 3 000 种成分，这是一个惊人的数字，不仅包括基本的营养组分，还包括各种生物活性因子，如乳铁蛋白、溶菌酶、白细胞、免疫球蛋白、细胞因子、激素等。母乳还包含了丰富的小分子 RNA（microRNA），这些小分子 RNA 参与调控基因表达，影响细胞功能和发育过程。更引人注目的是，母乳是一种含有细胞、微生物、mRNA 等成分的"活组织"，对新生儿的大脑、肝脏以及肠道的健康发育起到关键作用。这些活性成分共同构成了一个复杂的生物体系，为新生儿提供了一个全面的支持环境，促进其全面发展。

在中国疾病预防控制中心营养与健康所的支持下，通过国家 863 计划项目、"十三五"国家重点研发计划项目等研究项目，我们建立了具有代表性的中国母乳生物样本库，并开展了母乳中营养成分、生物活性物质和微生物的研究工作，构建了中国母乳成分数据库。这些数据在一定程度上反映了我国七大地区健康母亲乳汁组分的分布情况。为了更好地展示这些研究成果，我们编写了本图集。尽管我国大部分区域仍缺乏母乳数据，我国母乳成分指标也尚待完善，但这既是母乳研究面临的挑战，也是未来研究发展的机遇。

本书的主要内容分为三个部分：第一部分为编制说明，介绍了母乳成分研究的概况与意义、母乳成分核心知识点、本书数据的来源与展示情况，以及名词缩写；第二部分详细阐述了中国母乳成分的总体状况，探讨了母乳能量与营养成分随泌乳天数的变化趋势，以及不同泌乳期城乡母乳能量与营养成分的状况；第三部分为母乳能量与营养成分地理分布图，分为初乳、过渡乳、成熟乳三个章节，直观展示了母乳营养成分在不同地理区域的分布特点。

我们深知，作为我国第一本母乳营养成分地理分布图集，本书在数据资源整理和编写上可能存在局限，书中难免存在不妥或错误之处，敬请读者们提出宝贵的指导意见和建议，以便及时修订和完善。

我们期待，通过对中国母乳成分的深入研究，能够为全球婴幼儿营养学研究贡献新的数据和见解，推动母乳科学领域的发展，为人类健康和福祉作出更大的贡献。

编　者

2024 年 4 月

目 录

CONTENTS

第一章

编制说明

1. 母乳成分研究概况

母乳是婴儿最理想的食物，含有满足0～6月龄婴儿生长发育的各种营养素以及保护婴儿健康成长的多种生物活性物质，不仅能为婴儿提供生长发育所需的能量，还能提供各种微量营养素。了解母乳中的各种营养素含量，是制定婴儿营养适宜摄入量的基础，对指导乳母和婴幼儿膳食、配方食品的开发也具有重要意义。

尽管目前国内外有一些关于母乳营养素的研究，并有少量综述探讨母乳营养素的含量，但缺少完善的母乳营养素系统研究数据和明确的结果。母乳营养素含量受多种因素的影响，如基因、生活环境、乳母膳食和生活方式及泌乳期等。极有必要探讨中国人群母乳各营养素含量，以填补我国及国外母乳营养素含量代表性数据的空白。为此，中国营养学会与中国疾病预防控制中心营养与健康所于2021年成立母乳营养成分研究项目专家工作组，系统和有针对性地开展中国不同地区人群母乳营养成分含量分布研究。工作组收集、分析、整合了截至2021年5月的国内外母乳营养素文献数据，以及中国营养学会有关项目阶段性研究结果、各研究机构检测数据，获得了全球及我国足月儿乳母各泌乳期母乳成分含量数据，经过6次工作组会议，讨论得出了《我国0～6月龄婴儿营养成分需要及摄入量建议》，以期为婴儿膳食营养素参考摄入量（dietary reference intakes，DRIs）修订、婴儿配方食品营养素的优化及相关标准的修订提供科学依据。

2. 母乳成分研究的意义

母乳是婴儿最好的食物，是生命早期营养的物质基础，其组成以及影响因素复杂，表现出时间营养、生物进化特征，人类对于母乳科学的研究和探索在各国受到广泛关注。从 18 世纪世界上第一篇关于母乳成分的研究论文发表至今，关于母乳的研究，已经从关注其主要（宏量）营养物质，到研究其各种非营养功能组分，进而发展到母乳中各类成分、母乳喂养方式、社会学等因素与新生儿生长发育状况的多维度分析。

母乳是一种极其复杂的生物流体，是成分众多、结构复杂、功能强大、适合婴儿消化系统发育成熟的唯一天然膳食。其中每个成分都可单独或联合发挥健康效应。目前在母乳中已经检测出 3 000 多种成分，包括 1 000 多种蛋白、400 多种脂类、300 多种糖类，还有微量营养素、微生物、细胞因子、激素等组分。除具有对体格生长发育的营养作用外，母乳成分还有促进婴儿肠道菌群建立、抗感染、抗炎、促进婴儿免疫系统和神经系统发育等作用。

母乳具有高度可变性，母乳组分会受到来自母亲、胎／婴儿、环境、时间、样本采集和处理等多种因素的影响，如：母亲生理、心理、病理状况及膳食等的影响；胎儿分娩方式、性别等的影响；泌乳阶段、昼夜节律、前后段泌乳等的影响；污染物的影响；采样方式、储存、检测等不同方法对结果一致性的影响等。但目前母乳成分影响因素研究多是分散性的。

母乳成分研究是母乳科学研究的基础。只有了解母乳成分、健康效应及其影响因素，才能破解人类生命早期营养密码，所以需要建立中国自己的母乳成分数据库，更好地推进母乳喂养。中国母乳成分研究与国外相比开始较晚，研究的理论和技术、设备创制、经费投入等方面还明显处于落后地位，但在研究思维、研究现场、市场需求、人力资源等方面有明显优势。所以未来在借鉴国内外已有研究经验的基础上，要做好顶层设计，制订详细、科学的中国母乳战略研究计划，不断完善和更新中国母乳成分数据库，并且探究影响母乳成分在乳母个体之间和整个哺乳期变化的因素，为提高母乳质量和母乳喂养率提供坚实的数据资源。

3. 母乳成分核心知识点

（1）泌乳期

母乳是婴儿营养的金标准，完全可以满足婴儿前 6 个月的营养需求，在此期间，婴儿的身体结构和功能不断变化，相应的营养需求也随之改变。人乳的主要特点是它的独特性：即使在同一名妇女的哺乳期，母乳特征也不相同。初乳和成熟乳在成分和泌乳量上有很大差异。在成分上，初乳中脂肪含量和能量较低，细胞因子和蛋白质含量较高，而且其中主要是免疫球蛋白和乳铁蛋白，随着泌乳时间延长，免疫物质逐渐减少，乳糖、脂肪、能量、微量元素、水溶性维生素的含量逐渐增加。这表明初乳对于新生儿的主要作用不是营养，而是免疫，以使婴儿从相对无菌的子宫环境中到暴露在存在许多病原体的宫外环境中时得到保护，先赋予其生存的能力。之后，随着免疫系统的成熟，婴儿对外来免疫刺激物的需求可能会减少，母乳再助其生长。母乳中宏量营养素随泌乳时间变化主要与婴儿的消化系统发育规律以及生物学能量代谢规律相适应，随着婴儿生长发育，消化系统逐渐成熟而且对能量的需要量逐渐增加，乳汁适应性增加合成。而其生理过程与复杂的激素复合物有关，其中胰岛素样生长因子 IGF-1 可以增加脂解作用，使脂肪合成的前体物质更多地流向乳腺组织，增加乳汁中脂肪的含量。在泌乳量上，初乳的量最小，随着泌乳时间延长，泌乳量逐渐增加，其增加是为了支持成长中婴儿的发育和营养需求。因为 IGF-1 介导乳腺泌乳过程的调控作用，乳汁中的 IGF-1 浓度与同日泌乳量呈正相关，而成熟乳中的 IGF-1 明显高于初乳，相对应地，成熟乳阶段的日泌乳量高于初乳阶段。此外，调控乳汁合成的主要激素——催乳素的水平在妊娠期晚期开始升高，在哺乳前期持续增加，所以泌乳量在泌乳期进行性增加。

母乳是一种具有高可变性的母体合成分泌液体，高可变性体现在母乳成分随着哺乳阶段、昼夜节律、每次喂哺而发生变化，同时会受到母婴双方的影响。最大的变异体现在不同的哺乳阶段，因此，专业上根据哺乳阶段将母乳分为初乳（分娩后 7 天内的乳汁）、过渡乳（分娩后 7～14 天）和成熟乳（分娩 15 天以后的乳汁）。

已知许多母体因素会影响母乳营养成分，如哺乳期、母亲的遗传背景、胎次、年龄和健康状况等。肥胖妇女的母乳成分在脂肪酸、某些维生素和类胡萝卜素成分方面与瘦弱妇女的母乳成分不同。母亲的饮食，在决定母乳营养成分中起着重要作用。其他因素，如季节、地区和社会经济地位，都或多或少地影响母亲的饮食，母亲的饮食对母乳中总蛋白质、碳水化合物和某些矿物质影响不大，但对脂肪酸、某些维生素、锌、钙、硒、碘和氟有影响。

初乳的特点表现在颜色上呈淡黄色，母乳量从几毫升到几十毫升，组成上含有丰富的免疫成分，乳糖含量相对较低，而蛋白质含量较高，乳清与酪蛋白的比例为 80∶20，这表明该阶段母乳除了具有营养功能外，还具有重要的免疫功能。

分娩后 7～14 天母体所分泌的乳汁称为过渡乳，是初乳向成熟乳的过渡。国外母乳样本过渡期的泌乳量是介于初乳和成熟乳之间的。随着泌乳期的延长，母乳蛋白质含量降低、脂肪和碳水化合物含量升高。过渡乳的蛋白质和碳水化合物介于初乳和成熟乳之间，过渡乳的脂肪和能量高于初乳。过渡乳的游离氨基酸和总氨基酸中必需氨基酸浓度均显著低于初乳。牛磺酸的含量在过渡乳中基本持平。过渡乳维生素 A 和维生素 E 的水平显著低于初乳而高于成熟乳。

成熟乳为分娩 15 天以后分泌的母乳。我国哺乳期妇女成熟乳的泌乳量大约为每天 750 mL。成熟乳的成分逐渐稳定，尤其是成熟乳中的蛋白质含量下降速度减缓，蛋白质维持在一个相对稳定的水平，各种蛋白质成分比例适当。随泌乳期的延长，α- 乳白蛋白、$\alpha s1$- 酪蛋白和 κ- 酪蛋白含量呈下降趋势，而溶菌酶含量呈升高趋势。成熟乳的游离氨基酸和总氨基酸中必需氨基酸浓度均显著低于初乳。苏氨酸、精氨酸、甘氨酸、丝氨酸在早期、晚期成熟乳中含量较为稳定。成熟乳的牛磺酸含量显著低于初乳和过渡乳，但在早期、晚期成熟乳中含量相对稳定。成熟乳的脂肪含量高于初乳且相对稳定；成熟乳的胆固醇含量低于初乳。

从哺乳期开始到泌乳 6 个月，母乳中乳糖含量逐渐升高，约到 6 个月时达到最大值，随后乳糖含量逐渐降低。成熟乳的能量高于初乳。人乳中钠、钾、镁、钙、铜、锌在初乳中含量最高，在成熟乳中含量最低。成熟乳维生素 A 和维生素 E 的含量显著低于初乳，维生素 A 随着泌乳期延长而逐渐降低，维生素 E 在成熟乳阶段保持相对稳定。大多数水溶性维生素，在初乳阶段含量均是最低的，在成熟乳中的含量高于初乳，维生素 B_{12} 例外。维生素 B_1 和维生素 B_6 含量随哺乳期延长而增大，维生素 B_2、烟酸和泛酸水平随哺乳期延长均呈现先增大后减小的变化趋势。成熟乳中的维生素 B_{12} 含量低于初乳，但哺乳期第一月后的浓度变化不大。

（2）母乳营养成分

能量　人类一切生命活动都需要能量来维持，母乳是婴儿所需能量的主要来源。食物中碳水化合物、脂类、蛋白质这 3 种主要产能营养素被氧化后释放能量，满足婴儿基础代谢、身体活动和生长发育需要以及在产能过程中释放热量维持体温。特别是婴儿处于生长发育高峰，一方面新组织的合成需要能量，另一方面部分能量需要储存在新合成的组织中。在出生后前 3 个月，生长发育所需的能量占全部所需能量的 35%。长期能量摄入不足易导致婴儿发育迟缓、消瘦等，但假若人为地提高婴儿喂奶粉的量和次数，过早添加高淀粉、高热量食物，使婴儿摄入热量过剩易导致婴儿肥胖，不仅不利于婴儿健康，还有可能造成其成年后肥胖、高血压、糖尿病等。因此研究母乳中能量变化，对研究婴儿能量需要，满足其生长发育所需十分必要。

蛋白质　母乳是婴儿的最佳蛋白质来源，母乳蛋白质提供婴儿生长所需的必需氨基酸，还参与广泛的免疫保护和生物过程。在引入补充食物之前，母乳通常是婴儿唯一的蛋白质来源，母乳喂养婴儿的蛋白质摄入量被认为是婴儿蛋白质需要量确定的金标准。在整个哺乳期，母乳的成分不断变化，以满足婴儿在生长和发育过程中的需求。哺乳期是确定母乳成分的关键指标之一，可分为初乳（分娩后 7 天内）、过渡乳（分娩后 7～14 天）、成熟乳（分娩＞15 天）。母乳的蛋白质可以分为三大类：酪蛋白（caseins）、乳清蛋白（whey proteins）和乳脂球膜（milk fat globule membrane，MFGM）蛋白。在这些组别中，MFGM 蛋白通常只占总蛋白含量的 1% 以下，并且在整个哺乳期相对稳定。酪蛋白和乳清蛋白的比例在整个哺乳期都会发生变化，初乳期间乳清蛋白／酪蛋白的比例最高，然后在成熟乳中达到稳定状态。

脂肪　脂质是母乳的重要组成部分，具有较高的能量密度，是婴儿重要的能量来源。脂肪酸是母乳脂质中甘油三酯和磷脂的重要构成成分，除了提供婴儿生长发育所需的能量，还参与细胞功能的调节、细胞间和细胞内的通信，以及基因组的表观遗传调节。母乳中的长链多不饱和脂肪酸（polyunsaturated fatty acid，PUFA）对婴儿器官、组织和神经系统的发育非常重要。

碳水化合物　碳水化合物含量约占母乳的 7%，是母乳中含量最丰富的营养成分。母乳中碳水化合物包括乳糖、低聚糖、核糖、糖脂、糖蛋白和单糖等。其中，乳糖占全部碳水化合物的 90%，是母乳碳水化合物最主要的组成成分，由乳腺上皮细胞合成，为婴儿生长发育提供能量，促进钙、镁等矿物元素的吸收，同时也是母亲泌乳量的主要影响因素。母乳中乳糖不仅适应婴儿体内消化酶的发育特点，并且浓度也与婴儿胃肠道消化吸收功能成熟度相适应，既能适应婴儿对营养和能量的需求，又能保证适宜的渗透压，在满足婴儿营养需要与肠道耐受之间取得平衡。婴幼儿不同生长发育阶段对营养素的需求不同，母乳的营养成分也随之改变。母乳中碳水化合物含量随着产后时间增长而增加，至早期成熟乳阶段趋于稳定。除哺乳阶段外，母乳中碳水化合物含量也随着地域、母婴营养状况变化而存在差异。此外，不同的储存方式和检测方法也会对母乳中碳水化合物的含量数据产生影响。由于母乳中碳水化合物以乳糖为主，含量受乳糖影响最大，以往研究测定母乳中宏量营养素时多为测定乳糖，或者通过计算法获得碳水化合物含量。

维生素 A　维生素 A 是指具有视黄醇生物活性的化合物，包括类视黄醇和类胡萝卜素，属于脂溶性必需微量营养素。类视黄醇包括视黄醇、视黄醛、视黄酸、视黄酯等。对于纯母乳喂养的婴儿，母乳是其维生素 A 的唯一营养来源。在营养状况良好的乳母的成熟乳中，超过 95% 的视黄醇以视黄酯的形式存在。维生素 A 的重要生理功能包括参与维持正常视觉、参与维持组织细胞的正常分化、维持和促进免疫功能、维持上皮细胞的形态完整和功能健全等。研究还显示维生素 A 与骨质代谢、抑制肿瘤生长等有关。母乳维生素 A 含量受多种因素影响，包括泌乳期、膳食、膳食补充剂、母婴人群特征及健康状况等。迄今为止，对于我国母乳维生素 A 含量的研究较少。

维生素 E 维生素 E 是体内重要的抗氧化剂，具有保护细胞免受过氧化损伤、维持正常免疫等功能，与婴儿的呼吸、免疫和认知系统发育密切相关。新生儿体内维生素 E 储存量低，母乳中维生素 E 的含量对母乳喂养婴儿的生长与发育影响至关重要。母乳维生素 E 含量受多种因素影响，如泌乳期、乳母营养状况、母婴人群特征及健康状况、膳食及膳食补充剂、乳样采集方法及时段等。

维生素 B₁ 维生素 B_1，又称硫胺素，主要以硫胺素盐酸盐的形式存在（约 60%），另外还有约 30% 的游离硫胺素和少量的硫胺三磷酸盐。维生素 B_1 在人体内能量代谢中发挥重要作用，对维持神经、肌肉特别是心肌的正常功能，以及维持正常食欲、胃肠蠕动和消化分泌方面也有重要作用。维生素 B_1 缺乏可引起婴儿脚气病，新生儿缺乏维生素 B_1，3～5 年后会发现在神经发育、认知等多方面均有影响。人乳中的维生素 B_1 有不同的存在形式，主要包括游离态硫胺素、硫胺素单磷酸盐和硫胺素焦磷酸盐。

维生素 B₂ 维生素 B_2，又称核黄素，主要存在形式是黄素腺嘌呤二核苷酸（FAD）（60%）、游离核黄素（30%）以及其他黄素衍生物。作为 FAD 辅酶的一部分，维生素 B_2 参与体内生物氧化和能量产生、脂肪酸和氨基酸合成、DNA 修复、色氨酸转变成烟酸的过程、谷胱甘肽的产生、游离基清除以及作为甲基四氢叶酸还原酶的辅酶参与同型半胱氨酸的代谢等。人乳中的维生素 B_2 有不同的存在形式，主要包括游离态核黄素、黄素腺嘌呤二核苷酸（FAD）和黄素腺嘌呤单核苷酸（FMN）。

钙 钙是人体内含量最多的无机盐，也是母乳中重要的一种矿物质。钙的生理功能一方面是构成骨骼和牙齿，另一方面是参与各种生理功能和代谢过程，影响各个器官组织的活动。钙在母乳中的含量相对较稳定。对于婴幼儿来说，缺乏钙会引起小儿佝偻病，也有研究表明，如果母乳中的钙含量偏低，但婴儿的日照充足，并不会引起佝偻病高发。婴幼儿期如果缺钙可能出现出牙迟、厌食、多汗、枕秃、鸡胸、O 形腿、X 形腿，并会发生上呼吸道感染、消化不良、肠炎等，给生活和成长带来不便。

铁 铁是细胞必须的微量营养素，而过量时对细胞又存在潜在毒性作用。铁主要参与体内氧的运送和组织呼吸链传递过程；铁是血红蛋白、肌红蛋白、细胞色素的组成成分，可维持婴儿正常的造血功能；处于快速生长发育期婴儿的铁需要量相对较高。人乳中铁含量较低，但是吸收利用率明显高于牛乳。

4. 数据来源与展示

（1）数据来源

本书使用的母乳成分数据主要有两个来源。

一部分是中国疾病预防控制中心营养与健康所母乳成分实测数据，包括全国 11 个省份、20 个采样点的母乳生物样本抽样检测值，为主要来源；母乳样本库包含了全国 11 个省份、20 个采样点的 6 481 份母乳生物样本，其中抽样 3 779 份母乳检测了宏量营养素，抽样 1 579 份母乳检测了矿物元素，抽样 924 份母乳检测了维生素 A 和维生素 E，抽样 1 778 份母乳检测了 B 族维生素，抽样 464 份母乳检测了特殊蛋白，抽样 460 份母乳检测了低聚糖，抽样 469 份母乳检测了甘油三酯。

另一部分采用国内外发表文献（中国）数据，通过文献综述收集检索 2021 年 5 月 10 日前相关数据信息，经过数据提取，建立文献数据库，利用国际上通用方法将文献中的数据转化为可统计的量值，此部分数据作为有效补充。

（2）数据展示

本书数据分两个部分展示：第一部分按泌乳期展示，展现初乳、过渡乳和成熟乳的成分状况；第二部分按省份展示，展现不同省份的母乳成分地理分布状况。

母乳成分的主要营养指标包括母乳的能量、蛋白质、脂肪、碳水化合物、脂溶性维生素（维生素 A、维生素 E 等）、水溶性维生素（维生素 B_1、维生素 B_2、维生素 B_6、烟酸、泛酸、生物素）、矿物质（钙、磷、钾、钠、镁、铁、碘、锌、硒、铜、铬、锰等），及部分功能组分（血清白蛋白、α- 乳白蛋白等）。

5. 名词缩写

缩写	英文全称	中文全称
2'-FL	2'-fucosyllactose	2'- 岩藻糖基乳糖
3'-SL	3'-sialyllactose	3'- 唾液酸乳糖
3-FL	3-fucosyllactose	3- 岩藻糖基乳糖
6'-SL	6'-sialyllactose	6'- 唾液酸乳糖

缩写	英文全称	中文全称
DHA	docosahexaenoic acid	二十二碳六烯酸
EPA	eicosapentaenoic acid	二十碳五烯酸
LDFT	lactodifucotetraose	乳糖双岩藻四糖
LNnT	lacto-*N*-neotetraose	乳糖 -*N*- 新四糖
LNT	lacto-*N*-tetraose	乳糖 -*N*- 四糖
L-P-L	linoleic acid-palmitic acid-linoleic acid	亚油酸 - 棕榈酸 - 亚油酸
LSTb	sialyllacto-*N*-tetraose b	唾液酸乳糖 -*N*- 四糖 b
LSTc	sialyllacto-*N*-tetraose c	唾液酸乳糖 -*N*- 四糖 c
MUFA	monounsaturated fatty acids	单不饱和脂肪酸
N3PUFA	*n*-3 polyunsaturated fatty acids	*n*-3 多不饱和脂肪酸
N6PUFA	*n*-6 polyunsaturated fatty acids	*n*-6 多不饱和脂肪酸
O-L-L	oleic acid-linoleic acid-linoleic acid	油酸 - 亚油酸 - 亚油酸
O-O-L	oleic acid-oleic acid-linoleic acid	油酸 - 油酸 - 亚油酸
O-P-L	oleic acid-palmitic acid-linoleic acid	油酸 - 棕榈酸 - 亚油酸
O-P-La	oleic acid-palmitic acid-lauric acid	油酸 - 棕榈酸 - 十二烷酸
O-P-O	oleic acid-palmitic acid-oleic acid	油酸 - 棕榈酸 - 油酸
O-P-P	oleic acid-palmitic acid-palmitic acid	油酸 - 棕榈酸 - 棕榈酸
P-P-L	palmitic acid-palmitic acid-linoleic acid	棕榈酸 - 棕榈酸 - 亚油酸
PUFA	polyunsaturated fatty acids	多不饱和脂肪酸
SFA	saturated fatty acid	饱和脂肪酸
S-L-O	stearic acid-linoleic acid-oleic acid	硬脂酸 - 亚油酸 - 油酸

第二章

中国母乳成分总体状况

1. 母乳成分总体状况

不同泌乳阶段母乳宏量营养素含量不同。蛋白质含量随月龄增长呈降低趋势；初乳中脂肪含量较低，成熟乳相对稳定；初乳、过渡乳和成熟乳碳水化合物含量依次增高；初乳能量低，其他泌乳阶段相对较高。

母乳蛋白质含量 P50（P25～P75）[①]：初乳为 1.80（1.65～2.03）g/100 mL，过渡乳为 1.57（1.49～1.72）g/100 mL，早期成熟乳为 1.34（1.11～1.49）g/100 mL，晚期成熟乳为 1.11（1.03～1.26）g/100 mL。

母乳脂肪含量 P50（P25～P75）：初乳为 2.04（1.39～2.77）g/100 mL，过渡乳为 3.14（2.40～3.96）g/100 mL，早期成熟乳为 3.05（2.22～3.96）g/100 mL，晚期成熟乳为 2.95（1.94～4.06）g/100 mL。

母乳碳水化合物含量 P50（P25～P75）：初乳为 6.10（5.60～6.50）g/100 mL，过渡乳为 6.40（6.10～6.70）g/100 mL，早期成熟乳为 6.60（6.30～6.90）g/100 mL，晚期成熟乳为 6.60（6.30～6.90）g/100 mL。

母乳能量含量 P50（P25～P75）：初乳为 51.47（44.98～58.32）kcal[②]/100 mL，过渡乳为 61.11（54.50～68.73）kcal/100 mL，早期成熟乳为 59.97（52.33～68.57）kcal/100 mL，晚期成熟乳为 58.22（49.61～68.12）kcal/100 mL。

初乳、过渡乳、早期成熟乳和晚期成熟乳中钙含量分别为（278.3±63.1）mg/kg、（289.3±69.9）mg/kg、（270.7±65.9）mg/kg、（241.0±58.6）mg/kg，磷含量分别为（157.6±

---

① P50 表示中位数，P25 表示下四分位数，P75 表示上四分位数。全书同。

② 1 cal≈4.184 J。全书同。

50.4）mg/kg、（176.7±53.2）mg/kg、（144.2±41.6）mg/kg、（128.0±31.5）mg/kg，镁含量分别为（27.9±5.9）mg/kg、（24.8±4.8）mg/kg、（25.0±5.3）mg/kg、（26.1±5.6）mg/kg，钾含量分别为（624.2±116.4）mg/kg、（575.7±95.7）mg/kg、（490.0±86.8）mg/kg、（428.3±65.1）mg/kg，钠含量分别为（370.6±204.7）mg/kg、（242.2±123.1）mg/kg、（128.3±69.2）mg/kg、（88.6±44.1）mg/kg。

2. 母乳能量与营养成分随泌乳天数变化趋势

母乳能量与营养成分随泌乳天数变化趋势如图 2-1～图 2-43 所示：能量（图 2-1）、蛋白质含量（图 2-2）、脂肪含量（图 2-3）、碳水化合物含量（图 2-4）、维生素 E 含量（图 2-5）、维生素 A 含量（图 2-6）、维生素 B_1 含量（图 2-7）、维生素 B_2 含量（图 2-8）、维生素 B_6 含量（图 2-9）、烟酸含量（图 2-10）、泛酸含量（图 2-11）、生物素含量（图 2-12）、钠含量（图 2-13）、镁含量（图 2-14）、钾含量（图 2-15）、磷含量（图 2-16）、钙含量（图 2-17）、铜含量（图 2-18）、锌含量（图 2-19）、铁含量（图 2-20）、总甘油三酯含量（图 2-21）、O-P-L 含量（图 2-22）、O-P-O 含量（图 2-23）、O-L-L 含量（图 2-24）、O-O-L 含量（图 2-25）、L-P-L 含量（图 2-26）、O-P-P 含量（图 2-27）、S-L-O 含量（图 2-28）、血清白蛋白含量（图 2-29）、α-乳白蛋白含量（图 2-30）、αs1-酪蛋白含量（图 2-31）、κ-酪蛋白含量（图 2-32）、β-酪蛋白含量（图 2-33）、骨桥蛋白含量（图 2-34）、总低聚糖含量（图 2-35）、2'-FL 含量（图 2-36）、3-FL 含量（图 2-37）、3'-SL 含量（图 2-38）、6'-SL 含量（图 2-39）、LNT 含量（图 2-40）、LNnT 含量（图 2-41）、LSTb 含量（图 2-42）、LSTc 含量（图 2-43）。

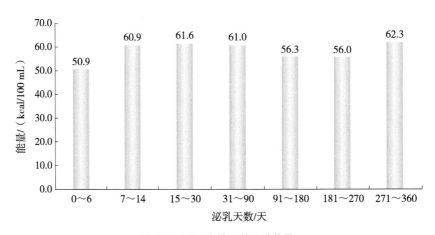

图 2-1 不同泌乳天数母乳能量

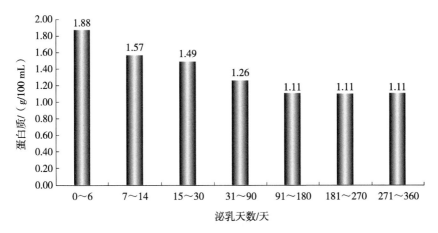

图 2-2 不同泌乳天数母乳蛋白质含量

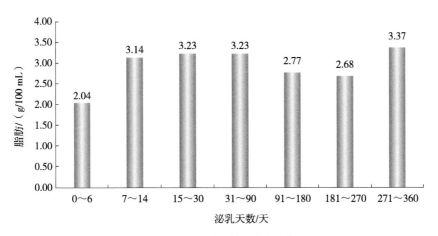

图 2-3 不同泌乳天数母乳脂肪含量

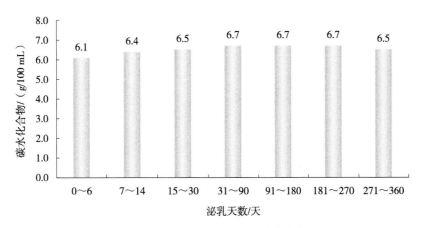

图 2-4 不同泌乳天数母乳碳水化合物含量

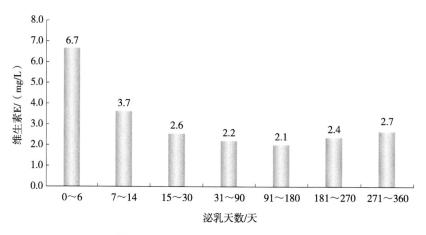

图 2-5 不同泌乳天数母乳维生素 E 含量

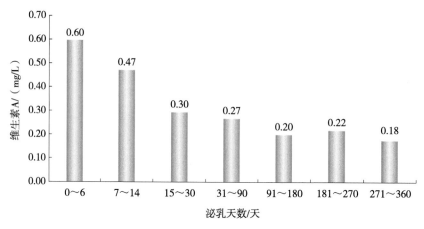

图 2-6 不同泌乳天数母乳维生素 A 含量

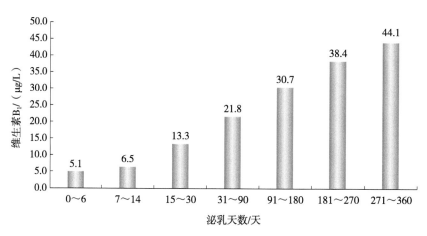

图 2-7 不同泌乳天数母乳维生素 B₁ 含量

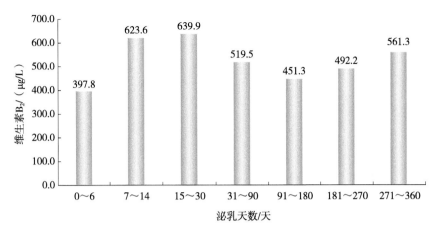

图 2-8 不同泌乳天数母乳维生素 B₂ 含量

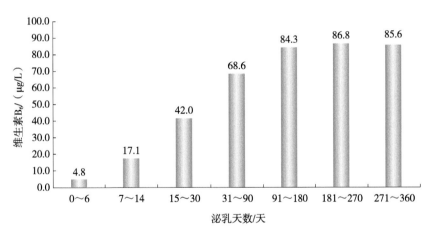

图 2-9 不同泌乳天数母乳维生素 B₆ 含量

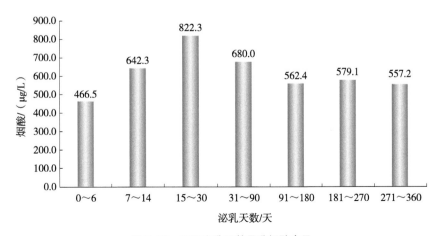

图 2-10 不同泌乳天数母乳烟酸含量

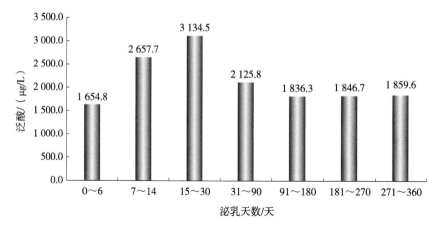

图 2-11　不同泌乳天数母乳泛酸含量

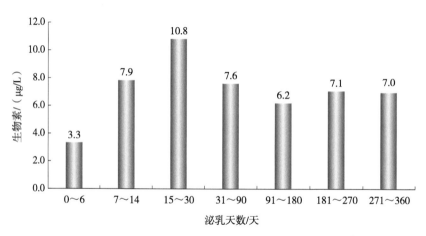

图 2-12　不同泌乳天数母乳生物素含量

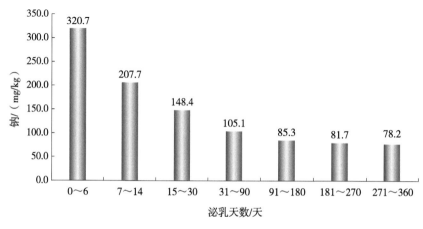

图 2-13　不同泌乳天数母乳钠含量

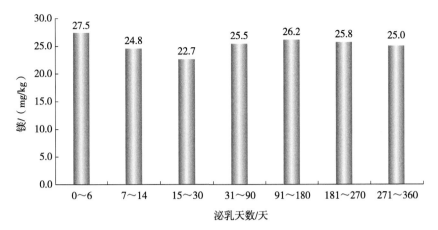

图 2-14　不同泌乳天数母乳镁含量

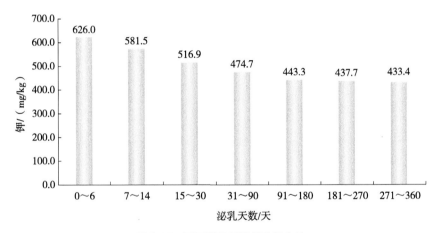

图 2-15　不同泌乳天数母乳钾含量

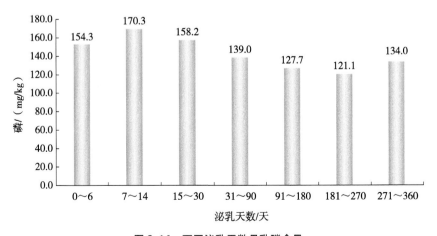

图 2-16　不同泌乳天数母乳磷含量

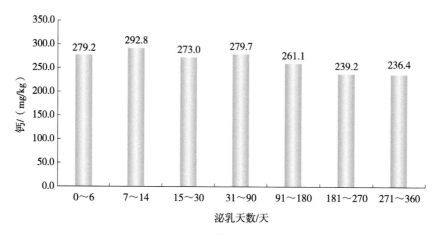

图 2-17 不同泌乳天数母乳钙含量

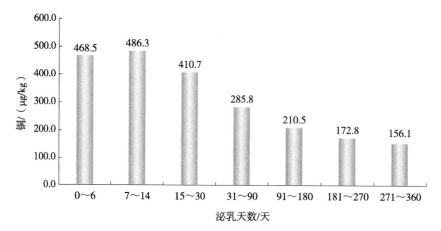

图 2-18 不同泌乳天数母乳铜含量

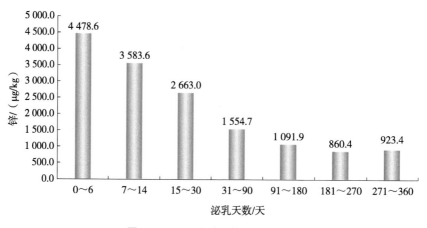

图 2-19 不同泌乳天数母乳锌含量

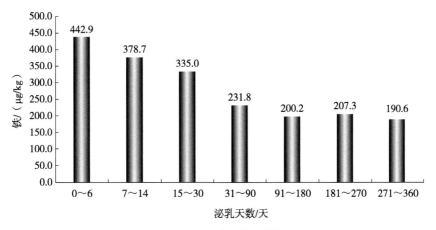

图 2-20 不同泌乳天数母乳铁含量

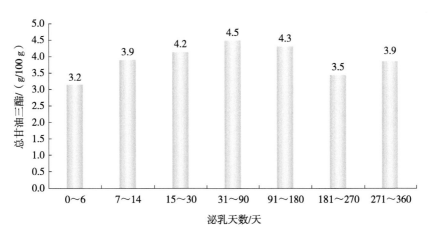

图 2-21 不同泌乳天数母乳总甘油三酯含量

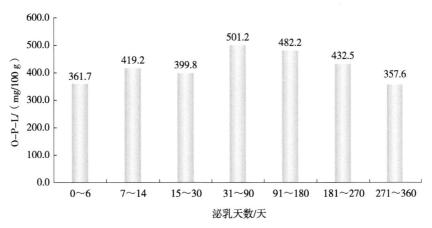

图 2-22 不同泌乳天数母乳 O-P-L 含量

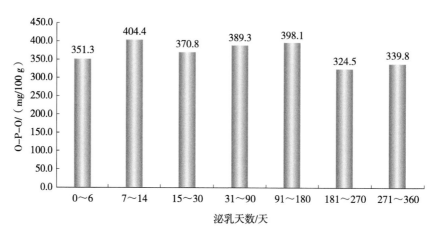

图 2-23　不同泌乳天数母乳 O-P-O 含量

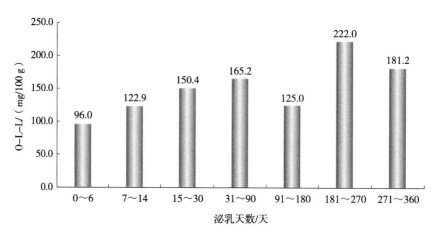

图 2-24　不同泌乳天数母乳 O-L-L 含量

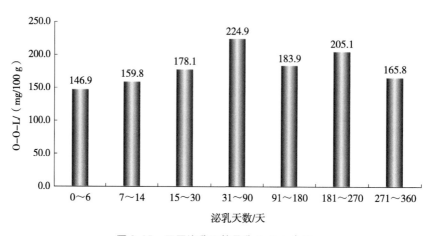

图 2-25　不同泌乳天数母乳 O-O-L 含量

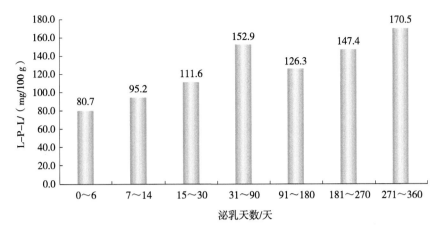

图 2-26　不同泌乳天数母乳 L-P-L 含量

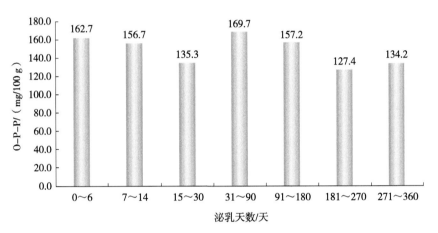

图 2-27　不同泌乳天数母乳 O-P-P 含量

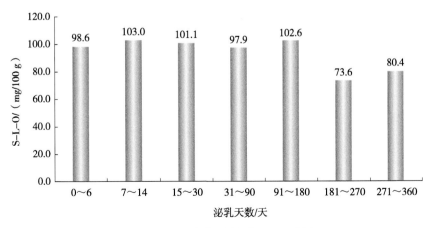

图 2-28　不同泌乳天数母乳 S-L-O 含量

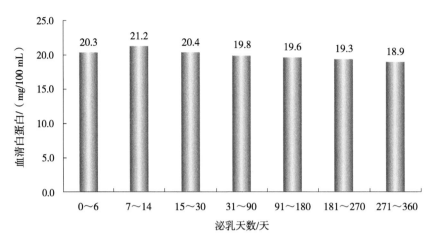

图 2-29　不同泌乳天数母乳血清白蛋白含量

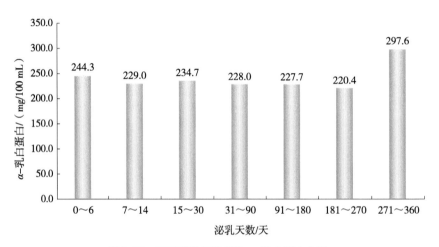

图 2-30　不同泌乳天数母乳 α- 乳白蛋白含量

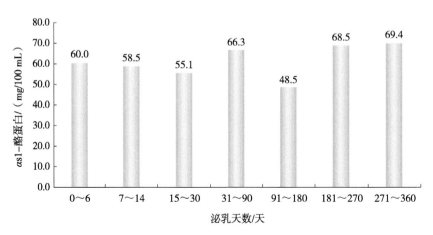

图 2-31　不同泌乳天数母乳 $\alpha s1$- 酪蛋白含量

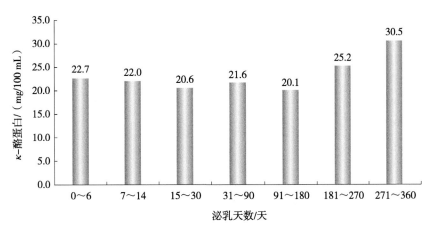

图 2-32　不同泌乳天数母乳 κ- 酪蛋白含量

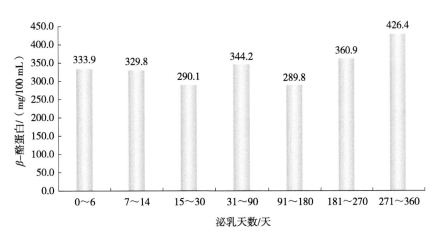

图 2-33　不同泌乳天数母乳 β- 酪蛋白含量

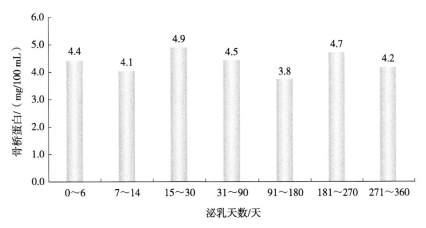

图 2-34　不同泌乳天数母乳骨桥蛋白含量

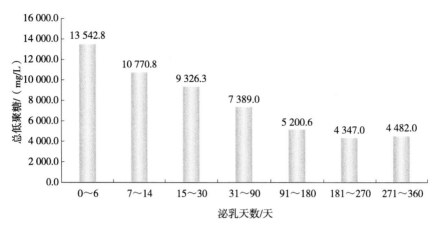

图 2-35　不同泌乳天数母乳总低聚糖含量

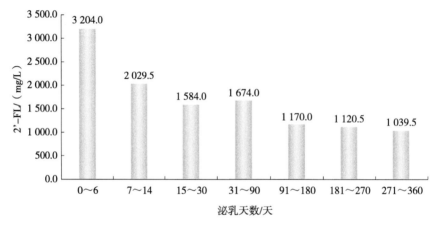

图 2-36　不同泌乳天数母乳 2'-FL 含量

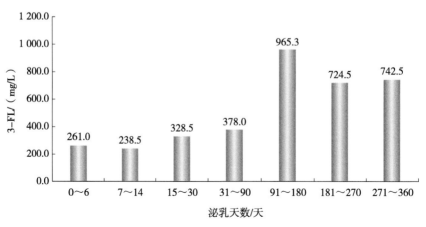

图 2-37　不同泌乳天数母乳 3-FL 含量

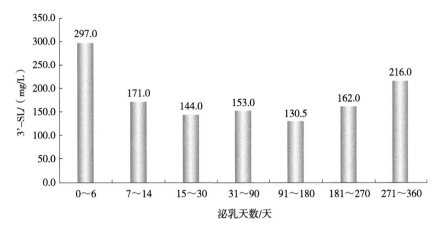

图 2-38 不同泌乳天数母乳 3'-SL 含量

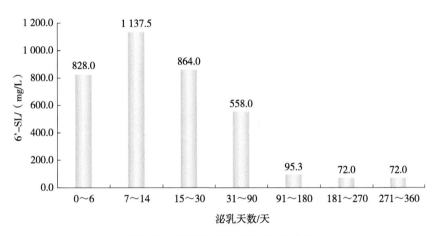

图 2-39 不同泌乳天数母乳 6'-SL 含量

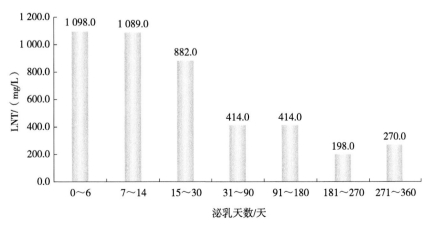

图 2-40 不同泌乳天数母乳 LNT 含量

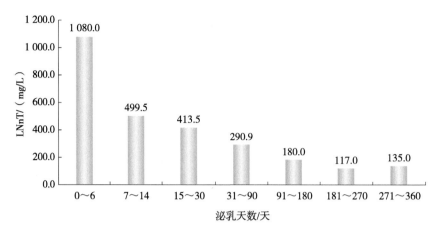

图 2-41　不同泌乳天数母乳 LNnT 含量

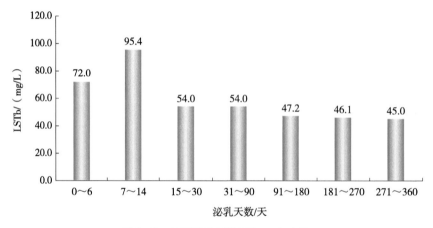

图 2-42　不同泌乳天数母乳 LSTb 含量

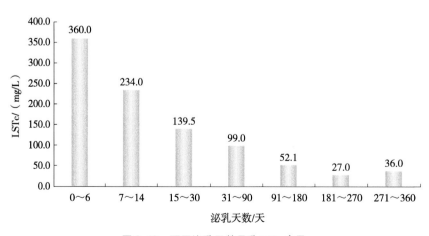

图 2-43　不同泌乳天数母乳 LSTc 含量

3.不同泌乳期城乡母乳能量与营养成分状况

不同泌乳期城乡母乳能量与营养成分状况如图 2-44～图 2-86 所示：能量（图 2-44）、蛋白质含量（图 2-45）、碳水化合物含量（图 2-46）、脂肪含量（图 2-47）、维生素 A 含量（图 2-48）、维生素 E 含量（图 2-49）、维生素 B_1 含量（图 2-50）、维生素 B_2 含量（图 2-51）、烟酸含量（图 2-52）、泛酸含量（图 2-53）、维生素 B_6 含量（图 2-54）、生物素含量（图 2-55）、钠含量（图 2-56）、镁含量（图 2-57）、钾含量（图 2-58）、磷含量（图 2-59）、钙含量（图 2-60）、铁含量（图 2-61）、锌含量（图 2-62）、铜含量（图 2-63）、总甘油三酯含量（图 2-64）、O-P-L 含量（图 2-65）、O-O-L 含量（图 2-66）、O-L-L 含量（图 2-67）、L-P-L 含量（图 2-68）、O-P-P 含量（图 2-69）、S-L-O 含量（图 2-70）、O-P-O 含量（图 2-71）、血清白蛋白含量（图 2-72）、α- 乳白蛋白含量（图 2-73）、αs1- 酪蛋白含量（图 2-74）、κ- 酪蛋白含量（图 2-75）、β- 酪蛋白含量（图 2-76）、骨桥蛋白含量（图 2-77）、2'-FL 含量（图 2-78）、3-FL 含量（图 2-79）、3'-SL 含量（图 2-80）、6'-SL 含量（图 2-81）、LNT 含量（图 2-82）、LNnT 含量（图 2-83）、LSTb 含量（图 2-84）、LSTc 含量（图 2-85）、总低聚糖含量（图 2-86）。

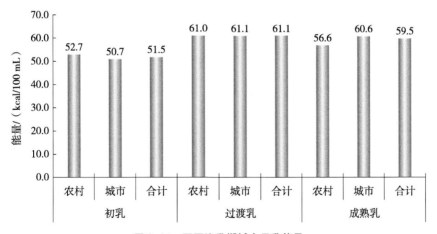

图 2-44 不同泌乳期城乡母乳能量

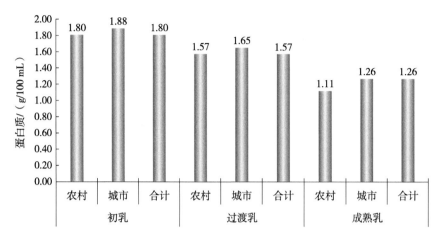

图 2-45　不同泌乳期城乡母乳蛋白质含量

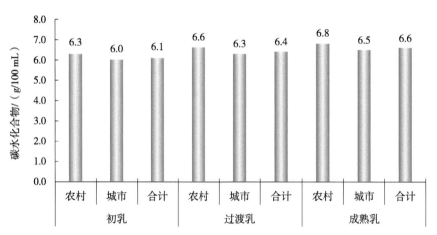

图 2-46　不同泌乳期城乡母乳碳水化合物含量

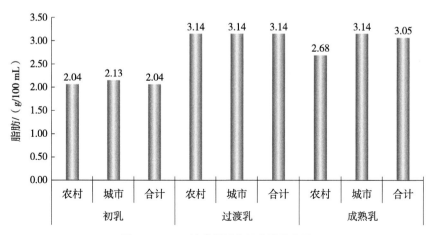

图 2-47　不同泌乳期城乡母乳脂肪含量

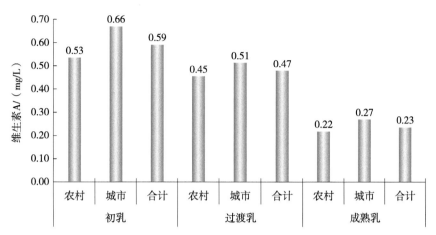

图 2-48　不同泌乳期城乡母乳维生素 A 含量

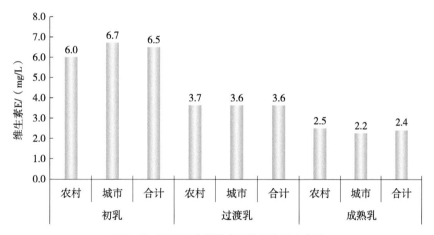

图 2-49　不同泌乳期城乡母乳维生素 E 含量

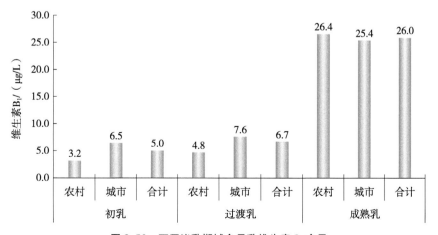

图 2-50　不同泌乳期城乡母乳维生素 B_1 含量

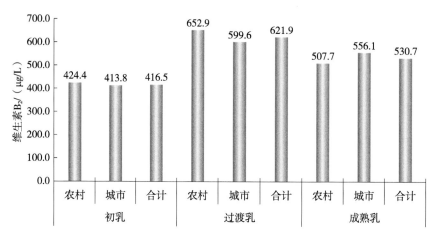

图2-51　不同泌乳期城乡母乳维生素 B_2 含量

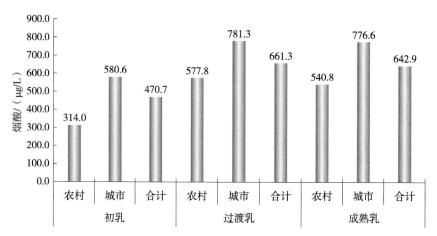

图2-52　不同泌乳期城乡母乳烟酸含量

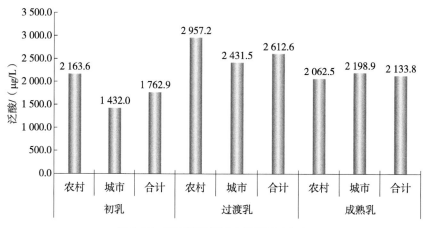

图2-53　不同泌乳期城乡母乳泛酸含量

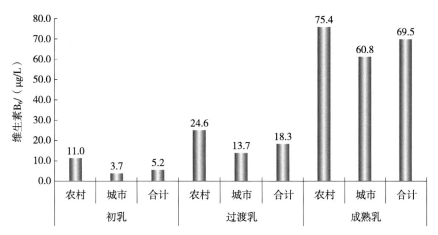

图 2-54　不同泌乳期城乡母乳维生素 B_6 含量

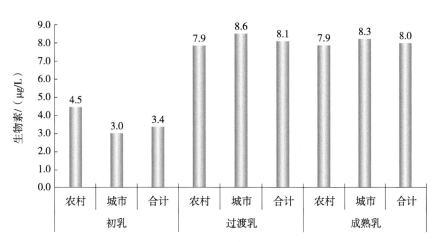

图 2-55　不同泌乳期城乡母乳生物素含量

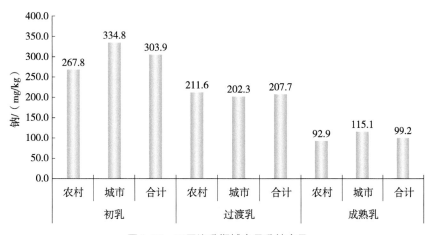

图 2-56　不同泌乳期城乡母乳钠含量

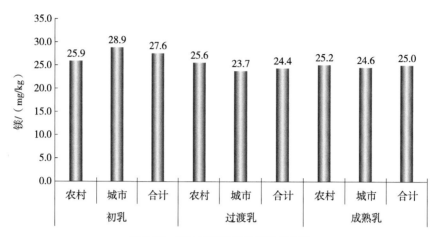

图 2-57 不同泌乳期城乡母乳镁含量

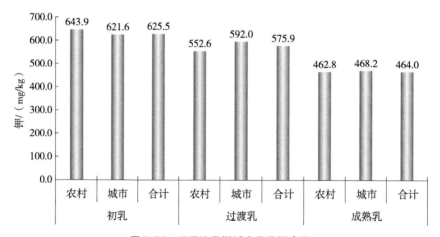

图 2-58 不同泌乳期城乡母乳钾含量

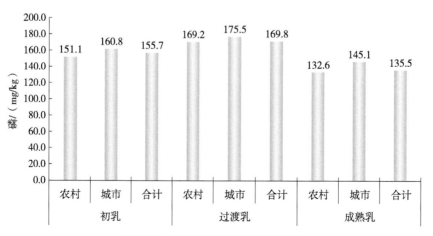

图 2-59 不同泌乳期城乡母乳磷含量

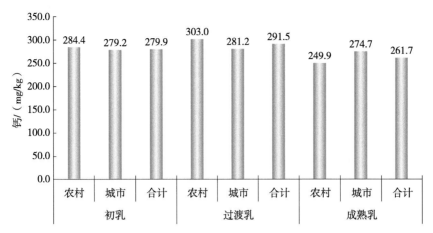

图 2-60 不同泌乳期城乡母乳钙含量

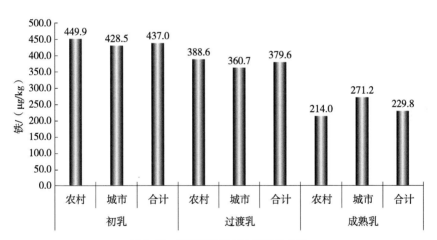

图 2-61 不同泌乳期城乡母乳铁含量

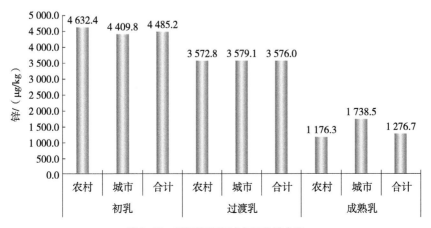

图 2-62 不同泌乳期城乡母乳锌含量

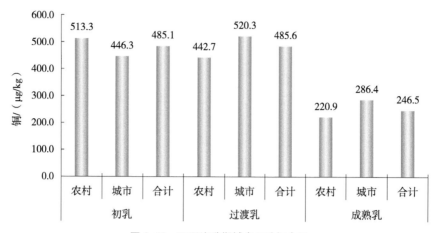

图 2-63　不同泌乳期城乡母乳铜含量

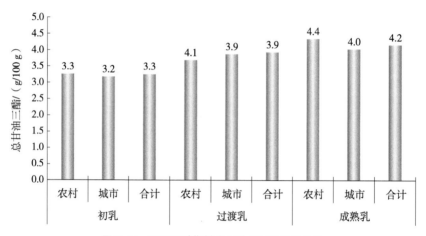

图 2-64　不同泌乳期城乡母乳总甘油三酯含量

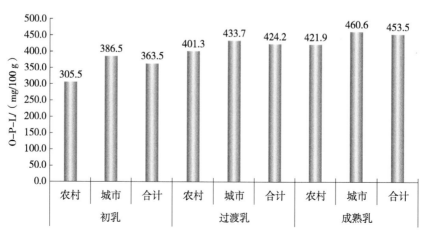

图 2-65　不同泌乳期城乡母乳 O-P-L 含量

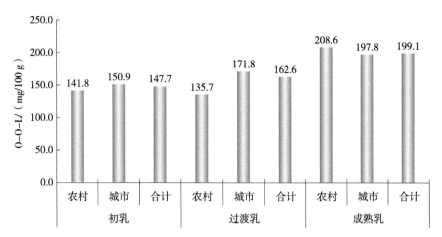

图 2-66 不同泌乳期城乡母乳 O-O-L 含量

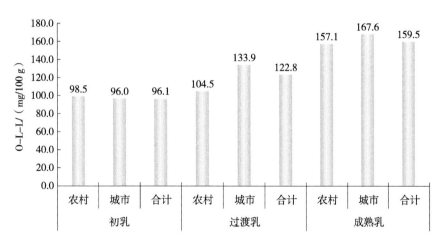

图 2-67 不同泌乳期城乡母乳 O-L-L 含量

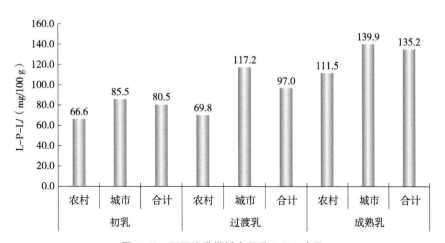

图 2-68 不同泌乳期城乡母乳 L-P-L 含量

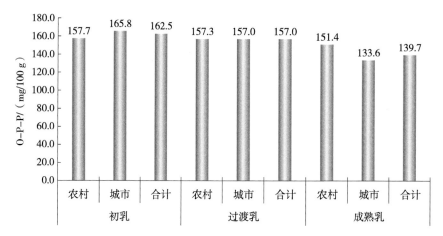

图 2-69　不同泌乳期城乡母乳 O-P-P 含量

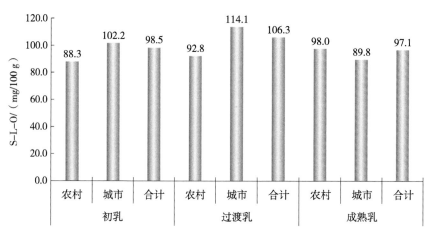

图 2-70　不同泌乳期城乡母乳 S-L-O 含量

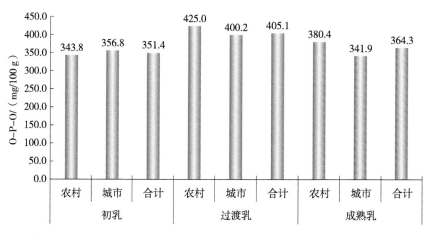

图 2-71　不同泌乳期城乡母乳 O-P-O 含量

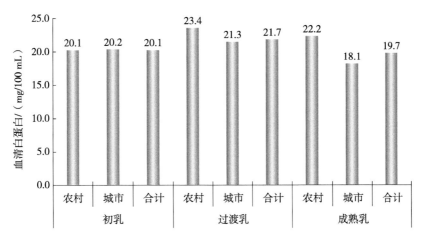

图 2-72　不同泌乳期城乡母乳血清白蛋白含量

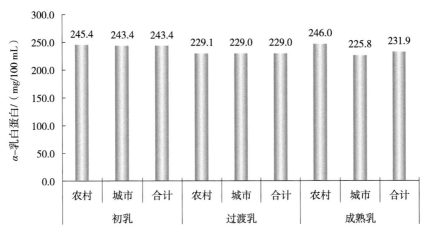

图 2-73　不同泌乳期城乡母乳 α- 乳白蛋白含量

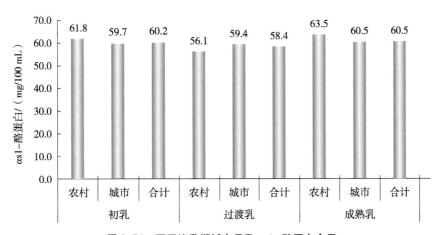

图 2-74　不同泌乳期城乡母乳 αs1- 酪蛋白含量

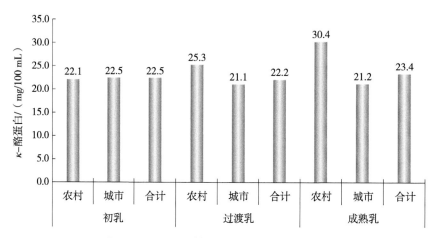

图 2-75　不同泌乳期城乡母乳 κ- 酪蛋白含量

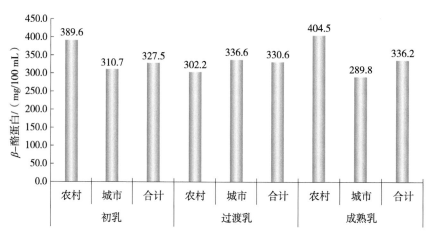

图 2-76　不同泌乳期城乡母乳 β- 酪蛋白含量

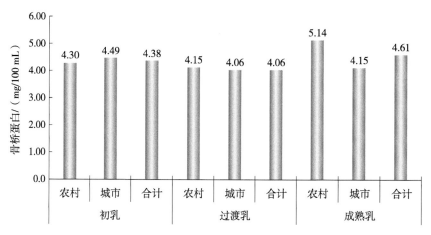

图 2-77　不同泌乳期城乡母乳骨桥蛋白含量

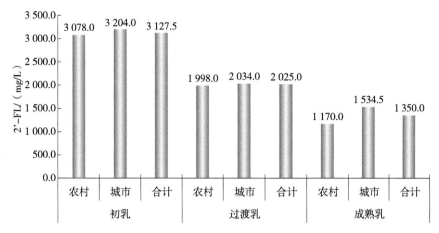

图 2-78 不同泌乳期城乡母乳 2'-FL 含量

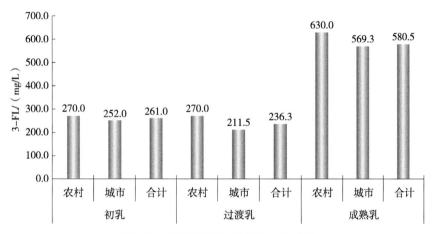

图 2-79 不同泌乳期城乡母乳 3-FL 含量

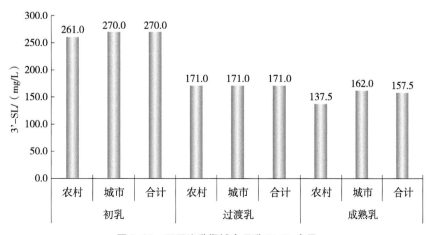

图 2-80 不同泌乳期城乡母乳 3'-SL 含量

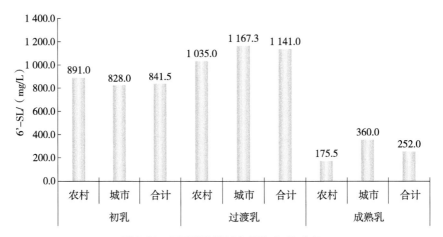

图 2-81　不同泌乳期城乡母乳 6'-SL 含量

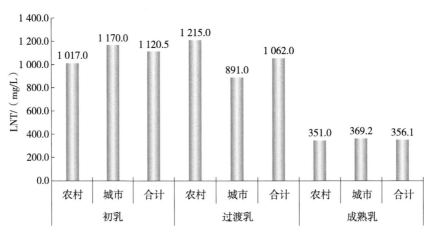

图 2-82　不同泌乳期城乡母乳 LNT 含量

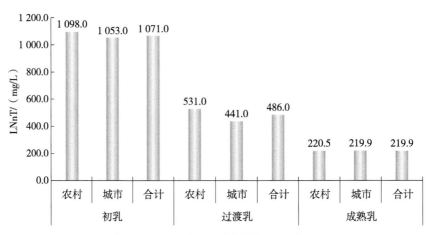

图 2-83　不同泌乳期城乡母乳 LNnT 含量

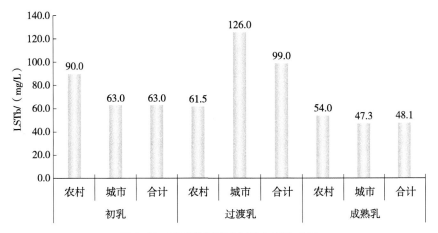

图 2-84　不同泌乳期城乡母乳 LSTb 含量

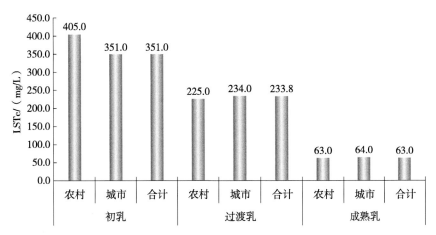

图 2-85　不同泌乳期城乡母乳 LSTc 含量

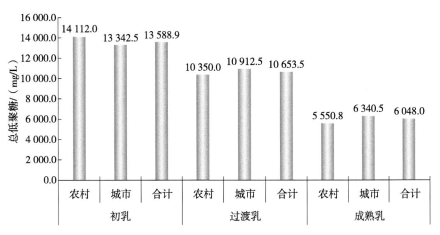

图 2-86　不同泌乳期城乡母乳总低聚糖含量

第三章

初乳能量与营养成分地理分布图

我国母乳初乳能量与营养成分地理分布状况如图 3-1～图 3-58 所示：能量（图 3-1）、蛋白质（图 3-2）、脂肪（图 3-3）、碳水化合物（图 3-4）、维生素 A（图 3-5）、维生素 B_1（图 3-6）、维生素 B_2（图 3-7）、烟酸（图 3-8）、维生素 B_6（图 3-9）、维生素 C（图 3-10）、维生素 D（图 3-11）、维生素 E（图 3-12）、泛酸（图 3-13）、生物素（图 3-14）、钙（图 3-15）、钾（图 3-16）、钠（图 3-17）、磷（图 3-18）、镁（图 3-19）、铁（图 3-20）、锌（图 3-21）、铜（图 3-22）、锰（图 3-23）、硒（图 3-24）、碘（图 3-25）、SFA（图 3-26）、MUFA（图 3-27）、PUFA（图 3-28）、N3PUFA（图 3-29）、N6PUFA（图 3-30）、α- 亚麻酸（图 3-31）、亚油酸（图 3-32）、DHA（图 3-33）、EPA（图 3-34）、血清白蛋白（图 3-35）、α- 乳白蛋白（图 3-36）、αs1- 酪蛋白（图 3-37）、β- 酪蛋白（图 3-38）、κ- 酪蛋白（图 3-39）、骨桥蛋白（图 3-40）、总低聚糖（图 3-41）、2'-FL（图 3-42）、3-FL（图 3-43）、3'-SL（图 3-44）、6'-SL（图 3-45）、LNT（图 3-46）、LNnT（图 3-47）、LSTb（图 3-48）、LSTc（图 3-49）、总甘油三酯（图 3-50）、O-P-L（图 3-51）、O-P-O（图 3-52）、O-L-L（图 3-53）、O-O-L（图 3-54）、O-P-P（图 3-55）、L-P-L（图 3-56）、P-P-L（图 3-57）、S-L-O（图 3-58）。

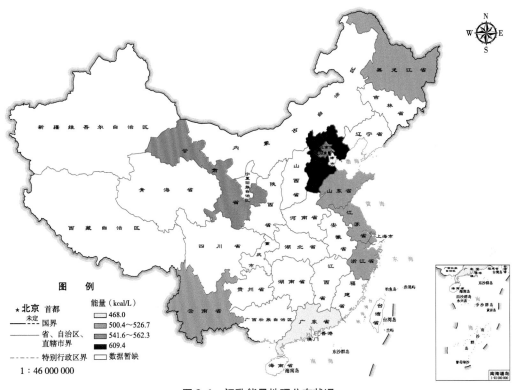

图 3-1　初乳能量地理分布状况

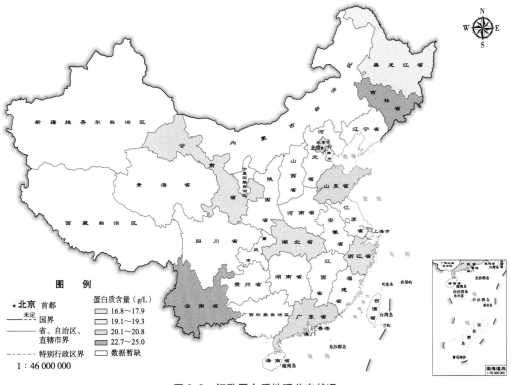

图 3-2　初乳蛋白质地理分布状况

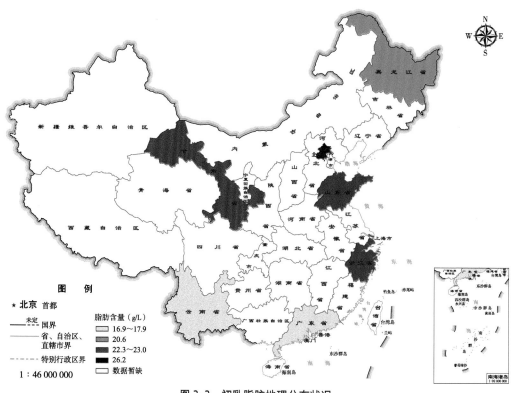

图 3-3 初乳脂肪地理分布状况

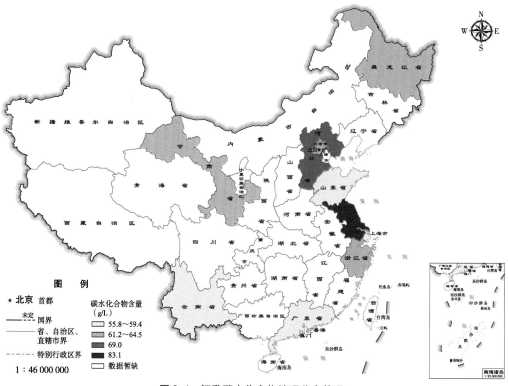

图 3-4 初乳碳水化合物地理分布状况

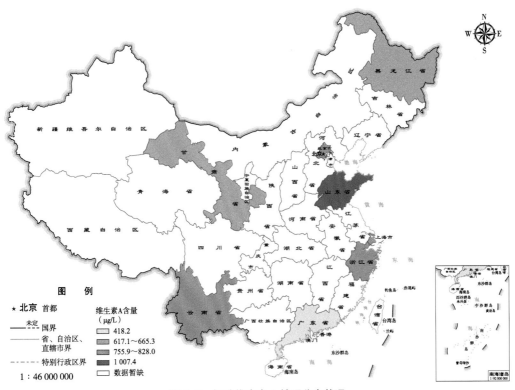

图 3-5　初乳维生素 A 地理分布状况

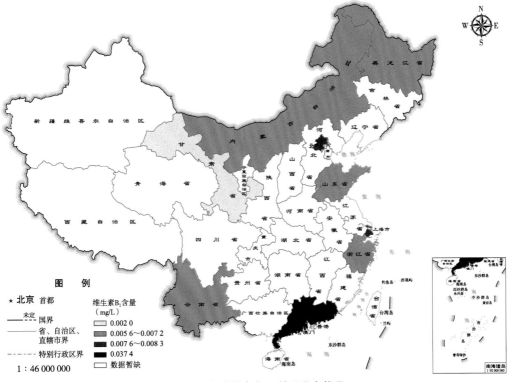

图 3-6　初乳维生素 B₁ 地理分布状况

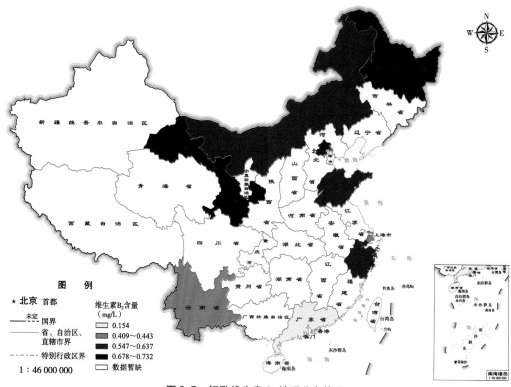

图 3-7 初乳维生素 B₂ 地理分布状况

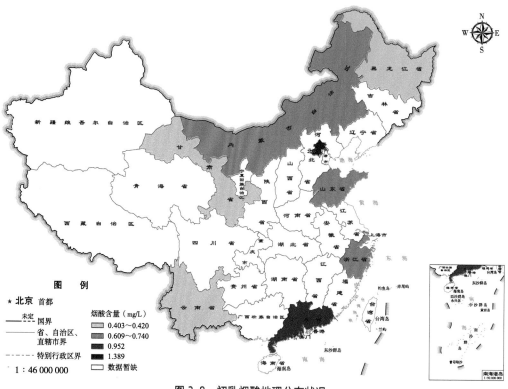

图 3-8 初乳烟酸地理分布状况

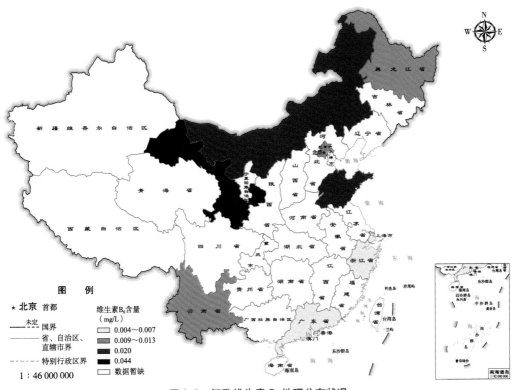

图 3-9　初乳维生素 B₆ 地理分布状况

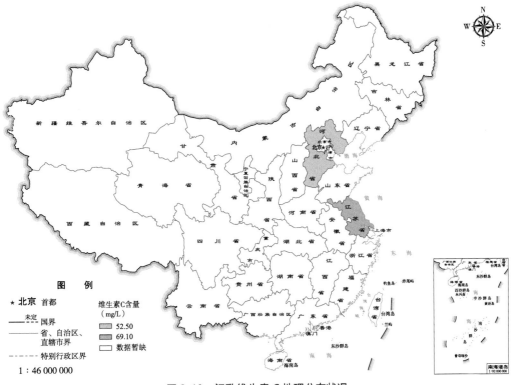

图 3-10　初乳维生素 C 地理分布状况

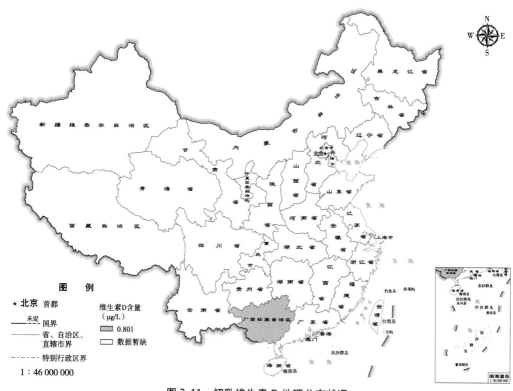

图 3-11　初乳维生素 D 地理分布状况

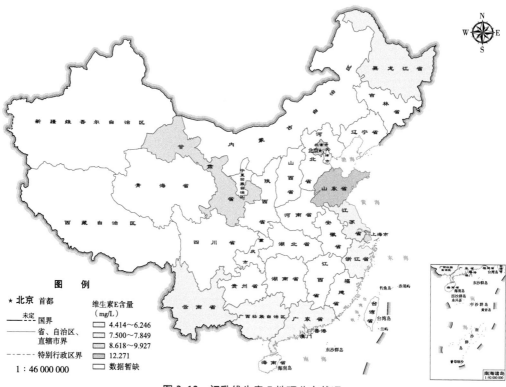

图 3-12　初乳维生素 E 地理分布状况

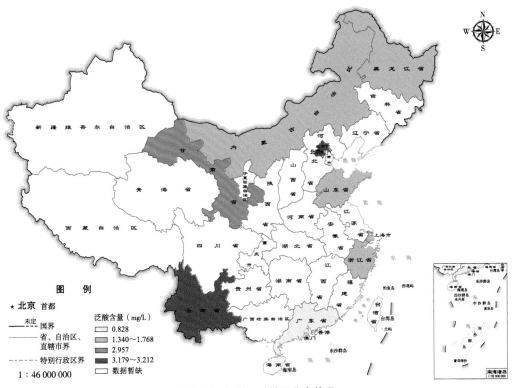

图 3-13 初乳泛酸地理分布状况

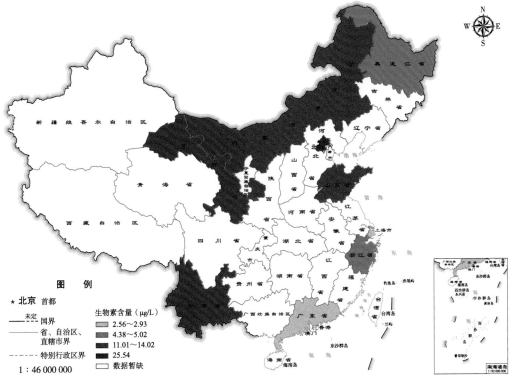

图 3-14 初乳生物素地理分布状况

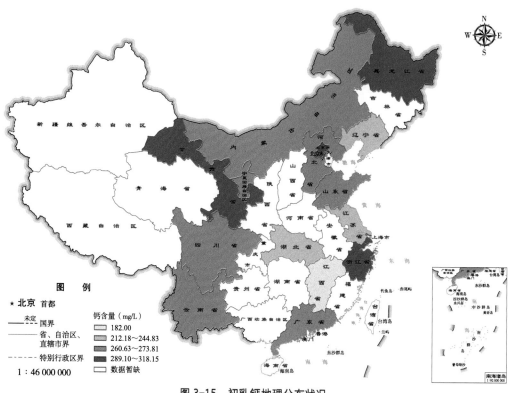

图 3-15　初乳钙地理分布状况

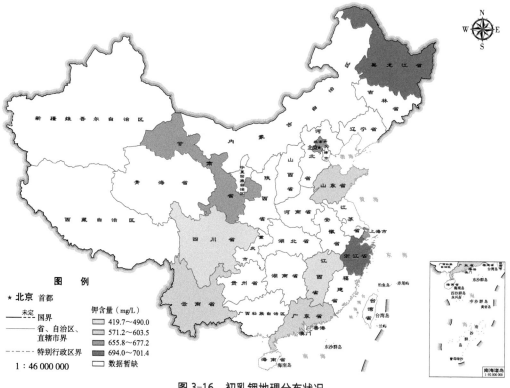

图 3-16　初乳钾地理分布状况

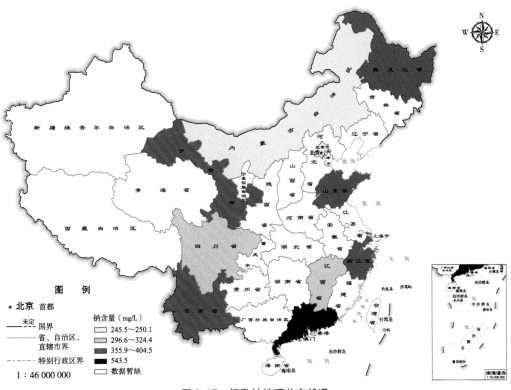

图 3-17 初乳钠地理分布状况

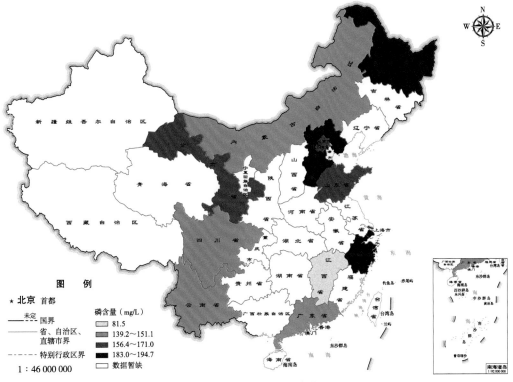

图 3-18 初乳磷地理分布状况

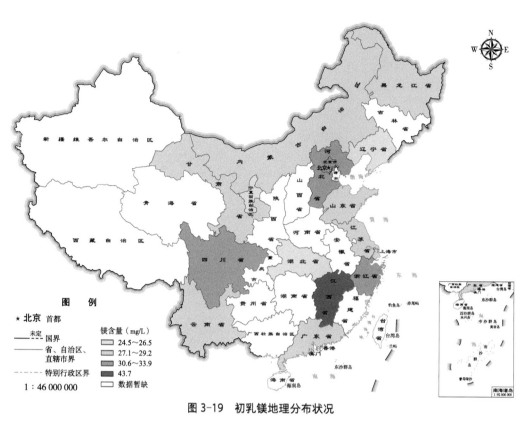

图 3-19　初乳镁地理分布状况

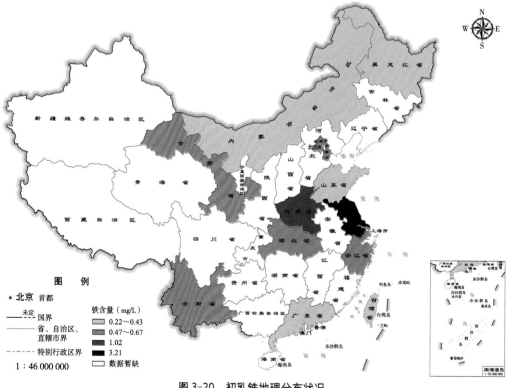

图 3-20　初乳铁地理分布状况

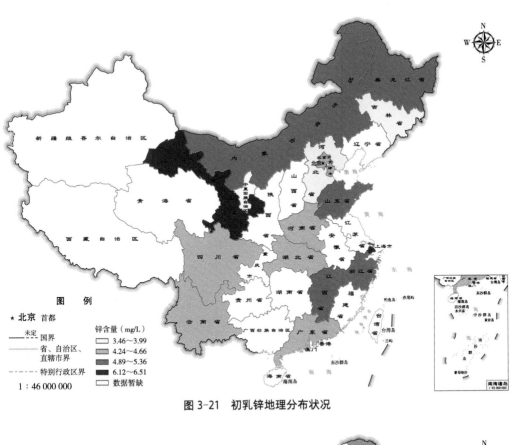

图 3-21　初乳锌地理分布状况

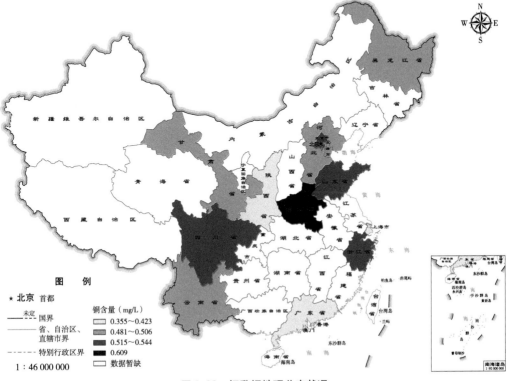

图 3-22　初乳铜地理分布状况

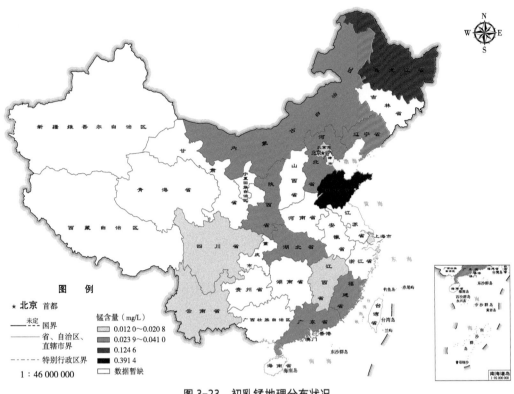

图 3-23　初乳锰地理分布状况

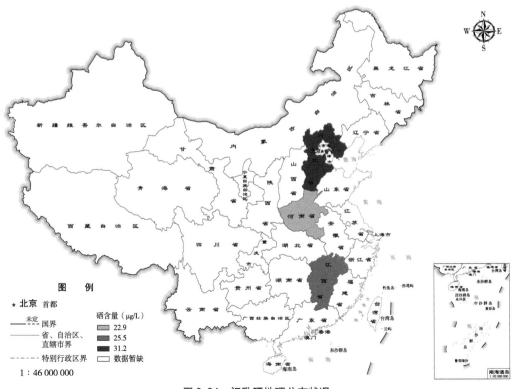

图 3-24　初乳硒地理分布状况

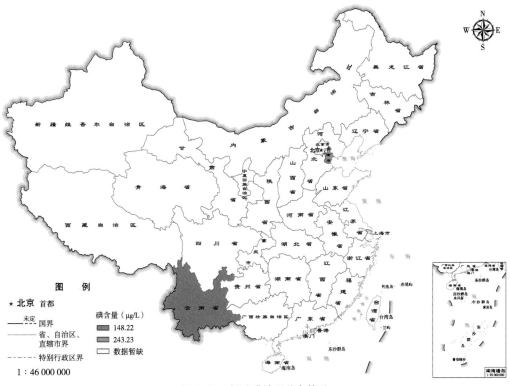

图 3-25 初乳碘地理分布状况

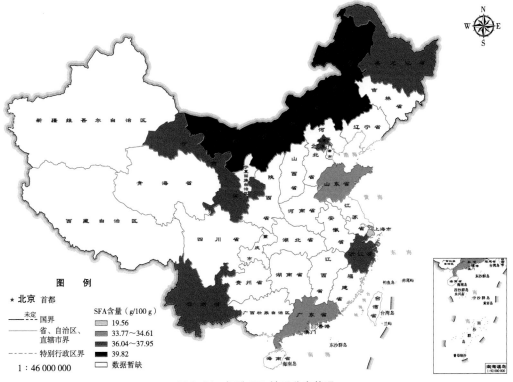

图 3-26 初乳 SFA 地理分布状况

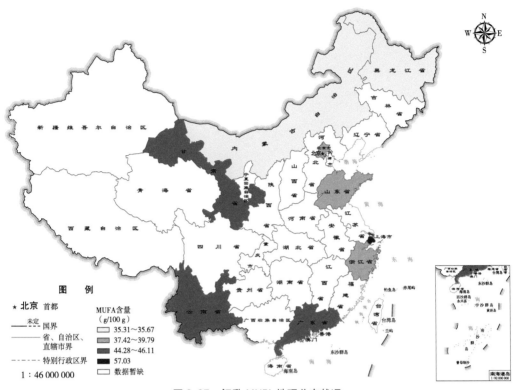

图 3-27　初乳 MUFA 地理分布状况

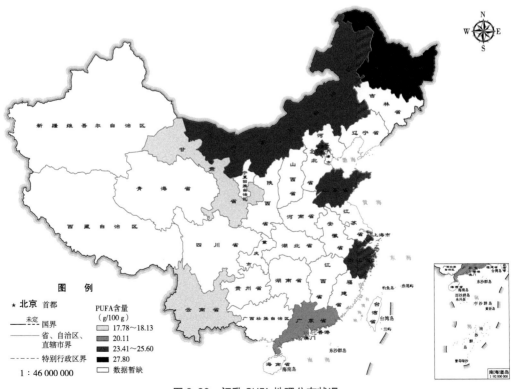

图 3-28　初乳 PUFA 地理分布状况

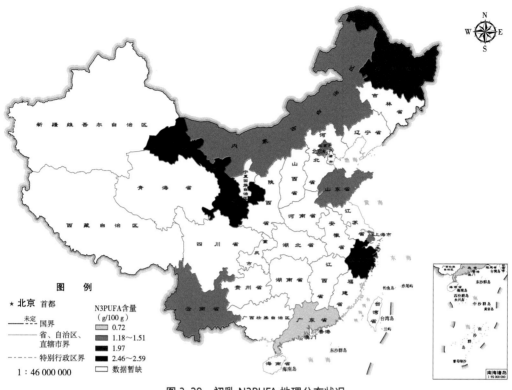

图 3-29 初乳 N3PUFA 地理分布状况

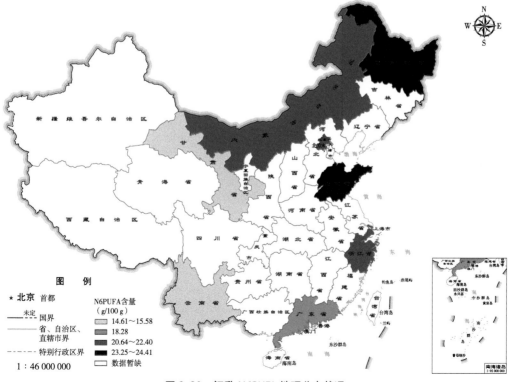

图 3-30 初乳 N6PUFA 地理分布状况

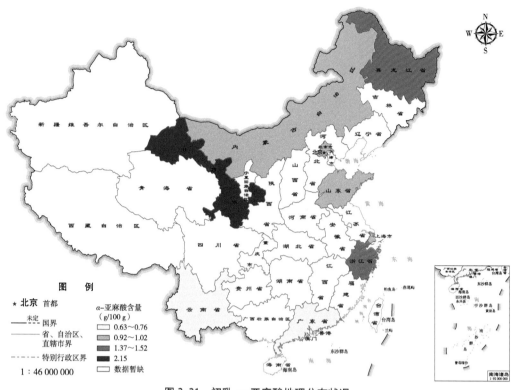

图 3-31　初乳 α- 亚麻酸地理分布状况

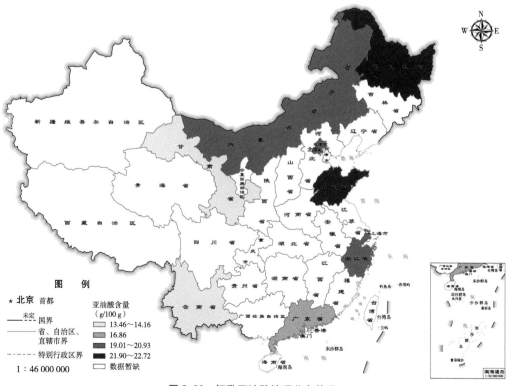

图 3-32　初乳亚油酸地理分布状况

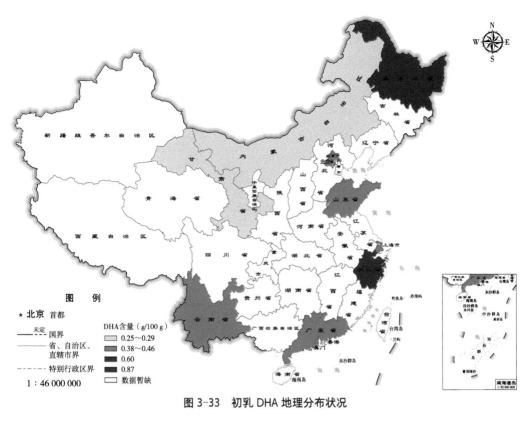

图 3-33　初乳 DHA 地理分布状况

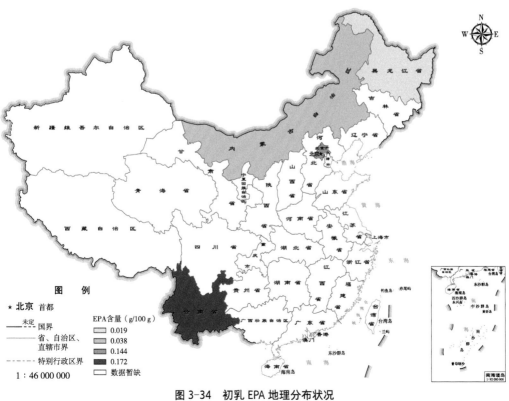

图 3-34　初乳 EPA 地理分布状况

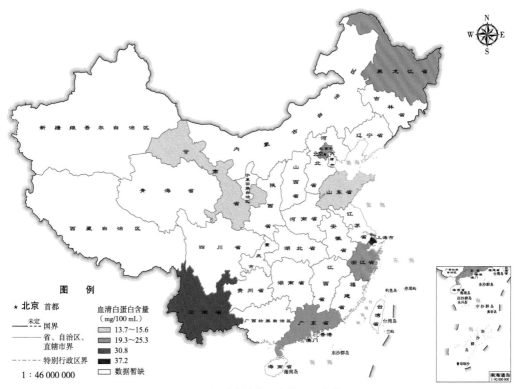

图 3-35　初乳血清白蛋白地理分布状况

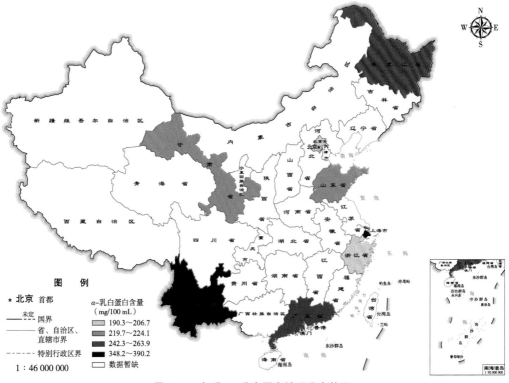

图 3-36　初乳 α-乳白蛋白地理分布状况

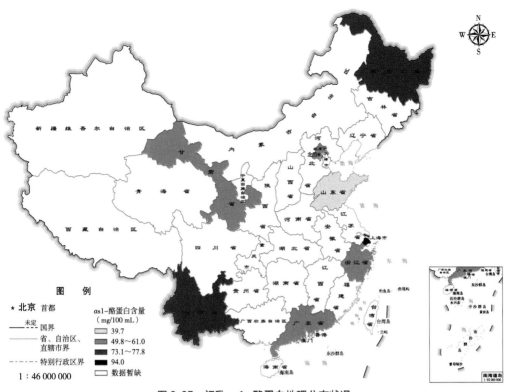

图 3-37　初乳 αs1- 酪蛋白地理分布状况

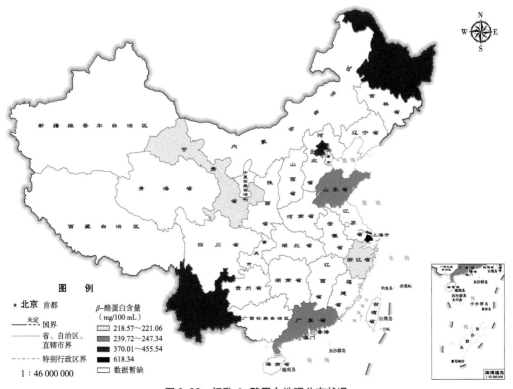

图 3-38　初乳 β- 酪蛋白地理分布状况

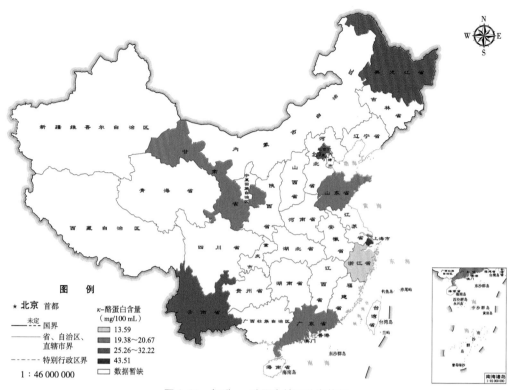

图 3-39 初乳 κ- 酪蛋白地理分布状况

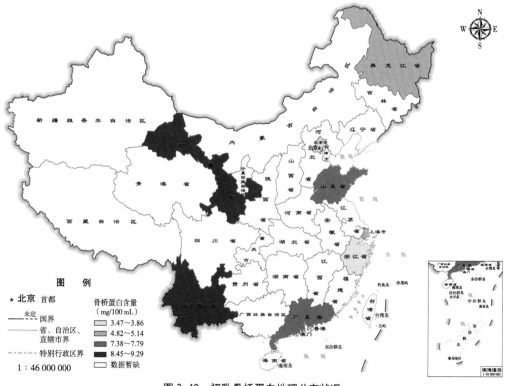

图 3-40 初乳骨桥蛋白地理分布状况

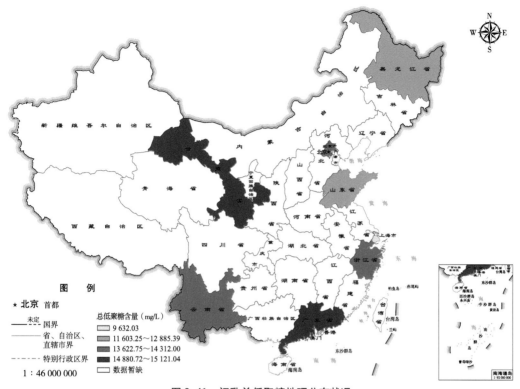

图 3-41　初乳总低聚糖地理分布状况

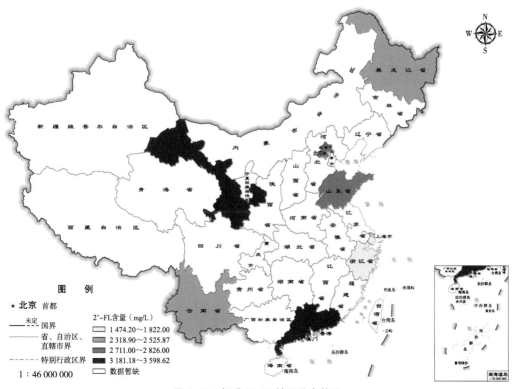

图 3-42　初乳 2'-FL 地理分布状况

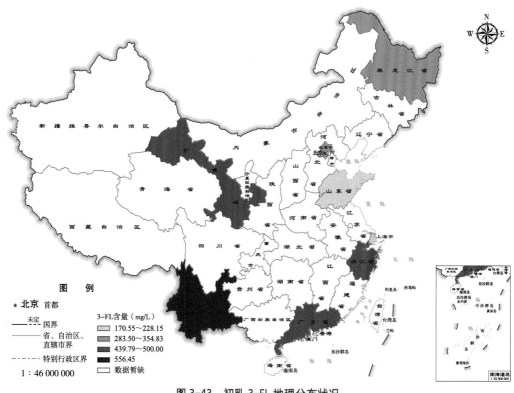

图 3-43　初乳 3-FL 地理分布状况

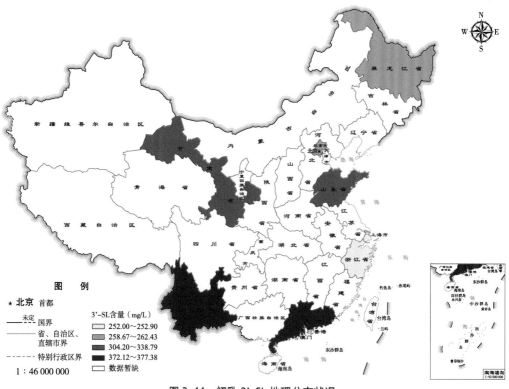

图 3-44　初乳 3'-SL 地理分布状况

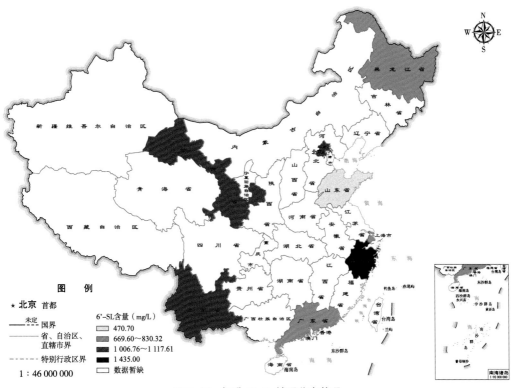

图 3-45 初乳 6'-SL 地理分布状况

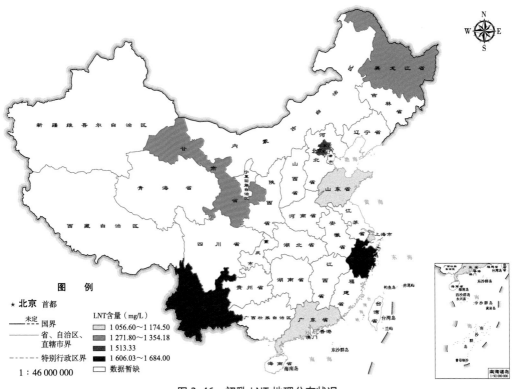

图 3-46 初乳 LNT 地理分布状况

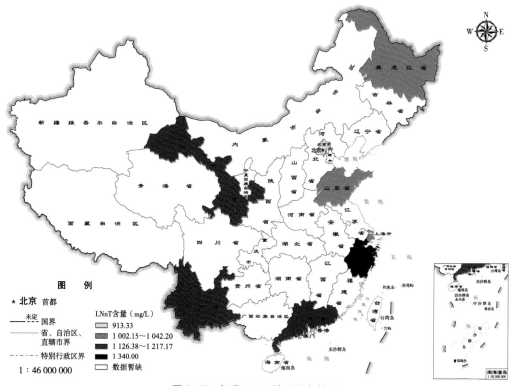

图 3-47 初乳 LNnT 地理分布状况

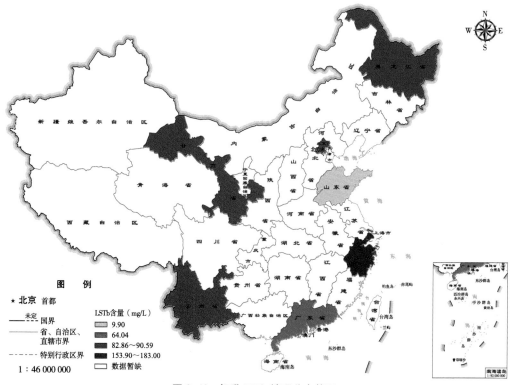

图 3-48 初乳 LSTb 地理分布状况

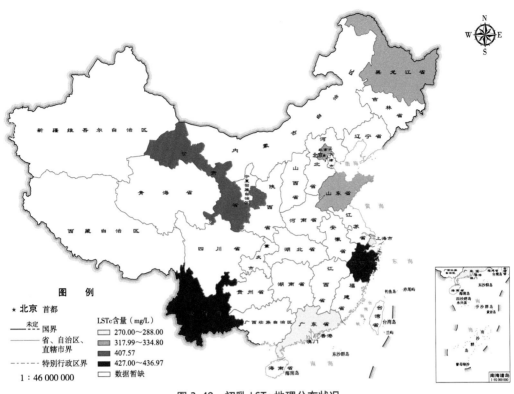

图 3-49　初乳 LSTc 地理分布状况

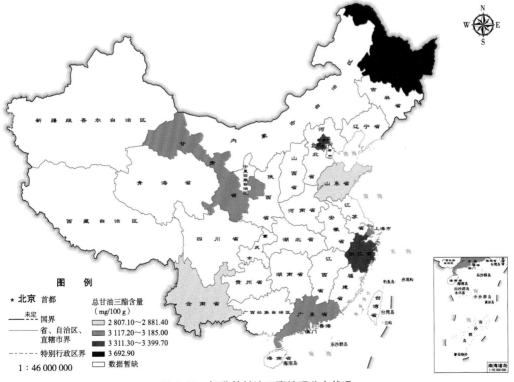

图 3-50　初乳总甘油三酯地理分布状况

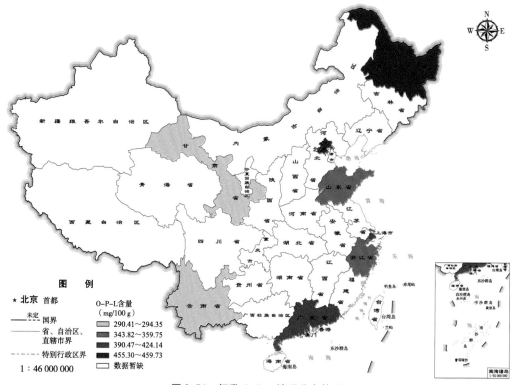

图 3-51 初乳 O-P-L 地理分布状况

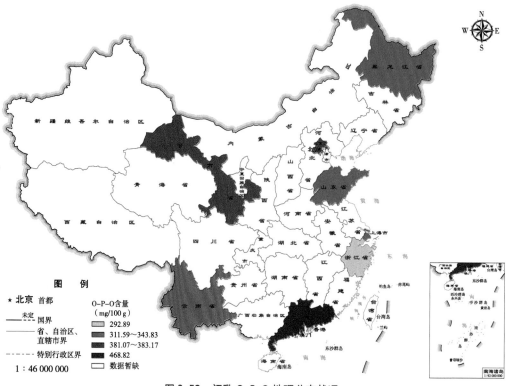

图 3-52 初乳 O-P-O 地理分布状况

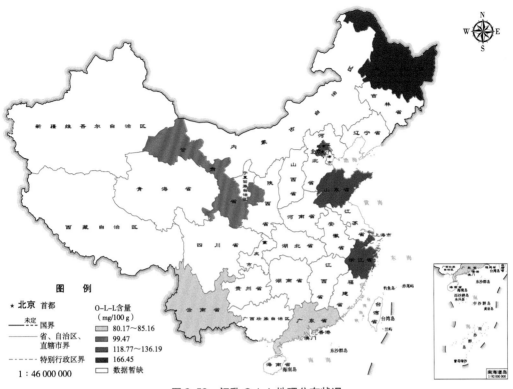

图例

★ 北京 首都

—— 未定 国界

—— 省、自治区、直辖市界

----- 特别行政区界

1:46 000 000

O-L-L含量
（mg/100 g）

80.17~85.16
99.47
118.77~136.19
166.45
数据暂缺

图 3-53 初乳 O-L-L 地理分布状况

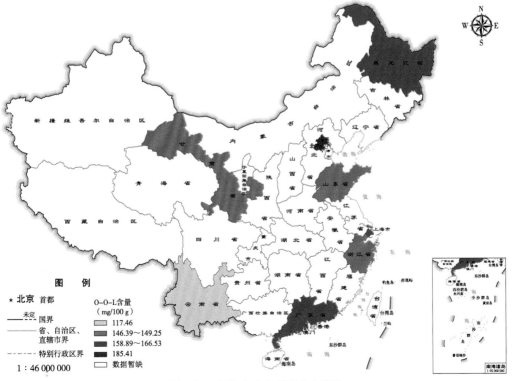

图例

★ 北京 首都

—— 未定 国界

—— 省、自治区、直辖市界

----- 特别行政区界

1:46 000 000

O-O-L含量
（mg/100 g）

117.46
146.39~149.25
158.89~166.53
185.41
数据暂缺

图 3-54 初乳 O-O-L 地理分布状况

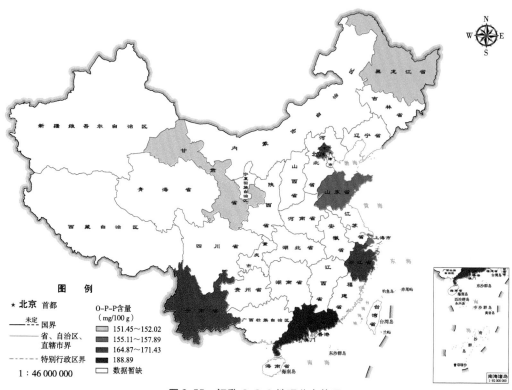

图 3-55 初乳 O-P-P 地理分布状况

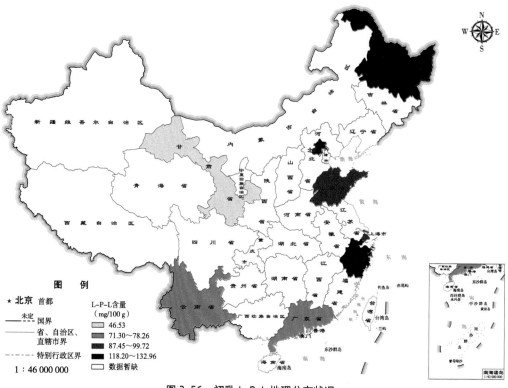

图 3-56 初乳 L-P-L 地理分布状况

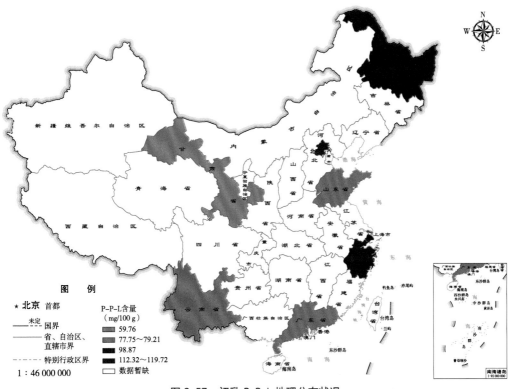

图 3-57　初乳 P-P-L 地理分布状况

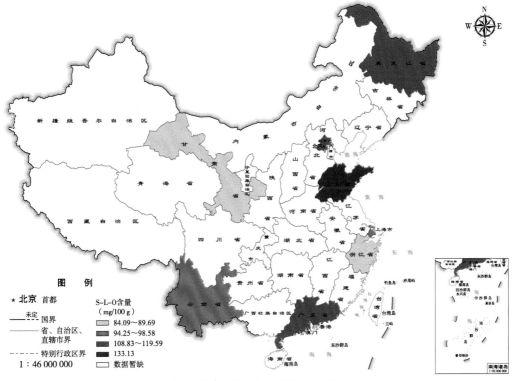

图 3-58　初乳 S-L-O 地理分布状况

第四章

过渡乳能量与营养成分地理分布图

我国母乳过渡乳能量与营养成分地理分布状况如图 4-1～图 4-60 所示：能量（图 4-1）、蛋白质（图 4-2）、脂肪（图 4-3）、碳水化合物（图 4-4）、维生素 A（图 4-5）、维生素 B_1（图 4-6）、维生素 B_2（图 4-7）、烟酸（图 4-8）、维生素 B_6（图 4-9）、维生素 D（图 4-10）、维生素 E（图 4-11）、泛酸（图 4-12）、生物素（图 4-13）、钙（图 4-14）、钾（图 4-15）、钠（图 4-16）、磷（图 4-17）、镁（图 4-18）、铁（图 4-19）、锌（图 4-20）、铜（图 4-21）、锰（图 4-22）、铬（图 4-23）、钼（图 4-24）、硒（图 4-25）、SFA（图 4-26）、MUFA（图 4-27）、PUFA（图 4-28）、N3PUFA（图 4-29）、N6PUFA（图 4-30）、α- 亚麻酸（图 4-31）、亚油酸（图 4-32）、DHA（图 4-33）、EPA（图 4-34）、血清白蛋白（图 4-35）、α- 乳白蛋白（图 4-36）、$\alpha s1$- 酪蛋白（图 4-37）、β- 酪蛋白（图 4-38）、κ- 酪蛋白（图 4-39）、骨桥蛋白（图 4-40）、总低聚糖（图 4-41）、2'-FL（图 4-42）、3-FL（图 4-43）、3'-SL（图 4-44）、6'-SL（图 4-45）、LNT（图 4-46）、LNnT（图 4-47）、LSTb（图 4-48）、LSTc（图 4-49）、LDFT（图 4-50）、总甘油三酯（图 4-51）、O-P-L（图 4-52）、O-P-O（图 4-53）、O-L-L（图 4-54）、O-O-L（图 4-55）、O-P-P（图 4-56）、L-P-L（图 4-57）、O-P-La（图 4-58）、S-L-O（图 4-59）、P-P-L（图 4-60）。

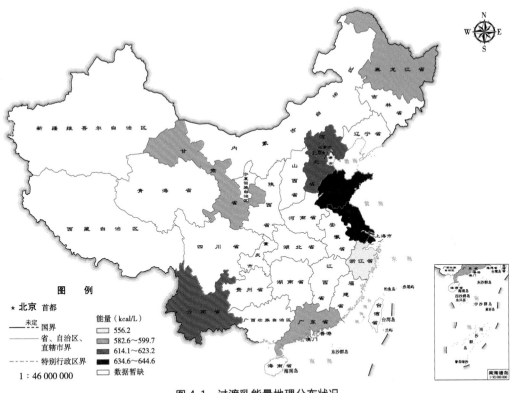

图 4-1　过渡乳能量地理分布状况

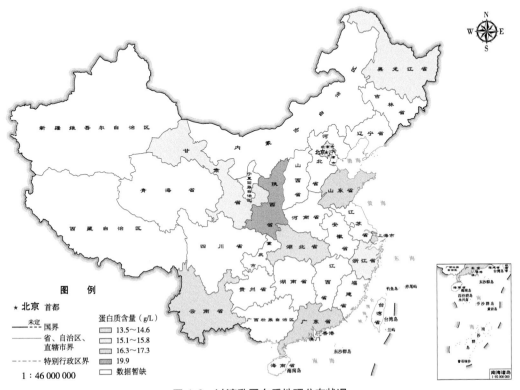

图 4-2　过渡乳蛋白质地理分布状况

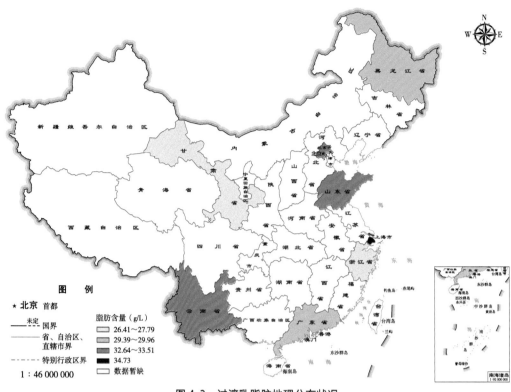

图 4-3　过渡乳脂肪地理分布状况

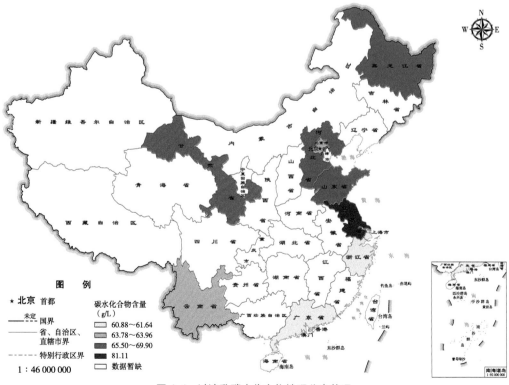

图 4-4　过渡乳碳水化合物地理分布状况

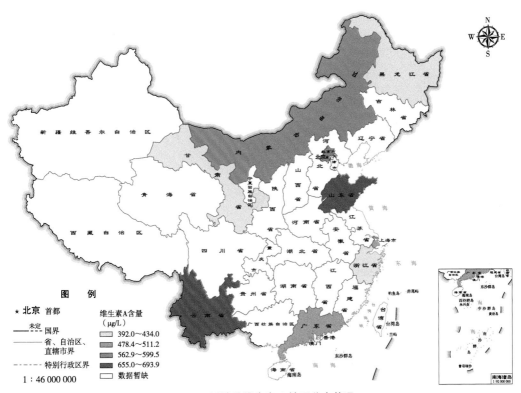

图 4-5　过渡乳维生素 A 地理分布状况

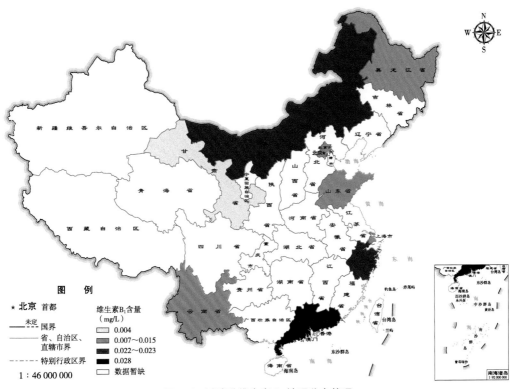

图 4-6　过渡乳维生素 B₁ 地理分布状况

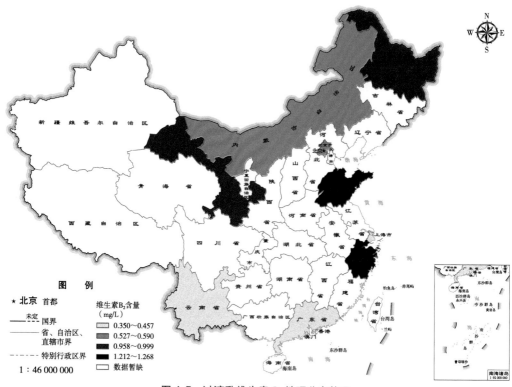

图 4-7　过渡乳维生素 B₂ 地理分布状况

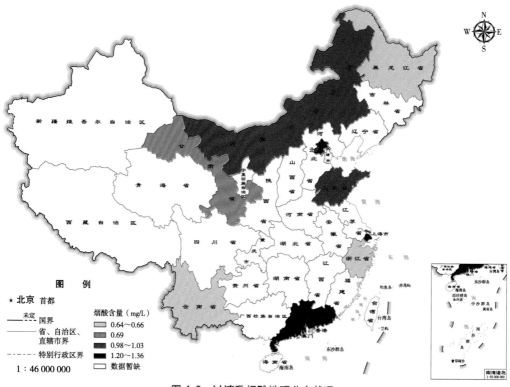

图 4-8　过渡乳烟酸地理分布状况

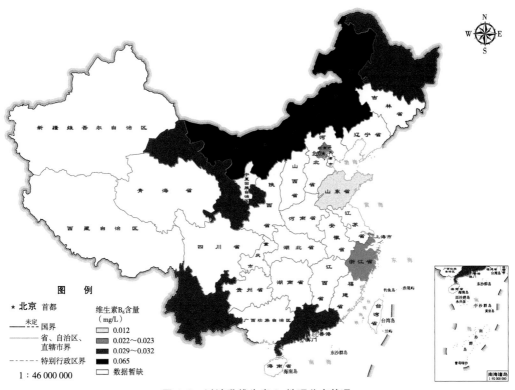

图 4-9 过渡乳维生素 B₆ 地理分布状况

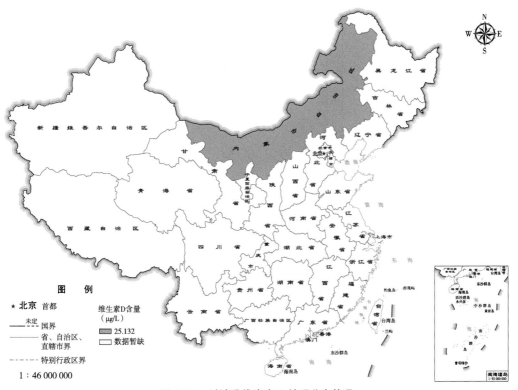

图 4-10 过渡乳维生素 D 地理分布状况

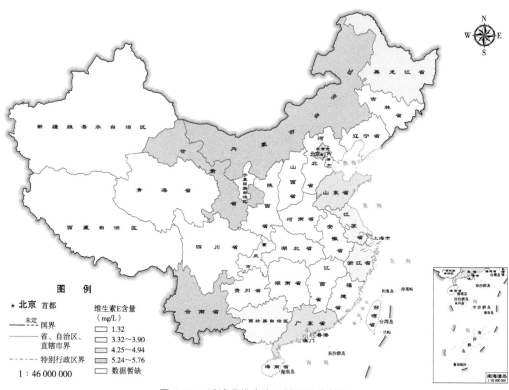

图 4-11 过渡乳维生素 E 地理分布状况

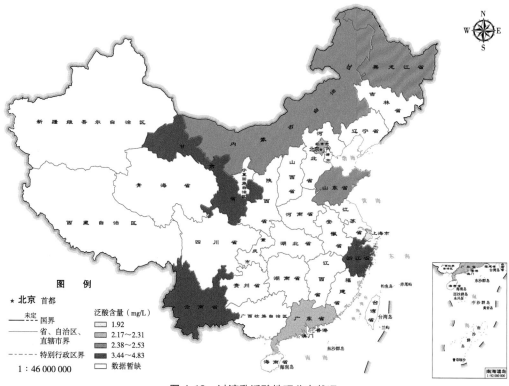

图 4-12 过渡乳泛酸地理分布状况

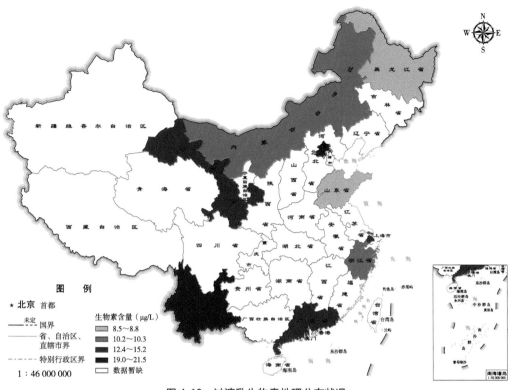

图例

★ 北京　首都

─── 国界（未定）

─── 省、自治区、直辖市界

---- 特别行政区界

1 : 46 000 000

生物素含量（μg/L）

8.5～8.8

10.2～10.3

12.4～15.2

19.0～21.5

数据暂缺

图 4-13　过渡乳生物素地理分布状况

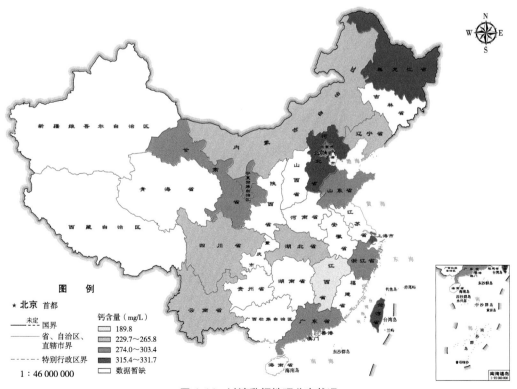

图例

★ 北京　首都

─── 国界（未定）

─── 省、自治区、直辖市界

---- 特别行政区界

1 : 46 000 000

钙含量（mg/L）

189.8

229.7～265.8

274.0～303.4

315.4～331.7

数据暂缺

图 4-14　过渡乳钙地理分布状况

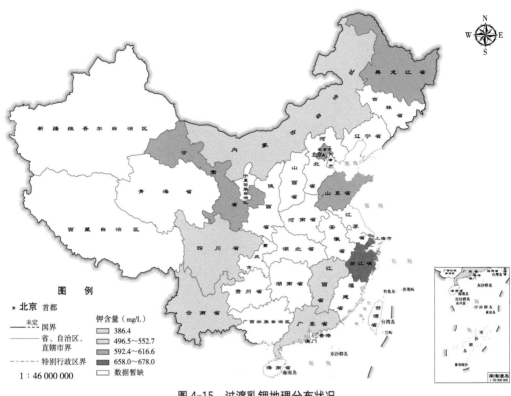

图例

★ 北京 首都

—— 未定 国界

—— 省、自治区、直辖市界

------ 特别行政区界

1:46 000 000

钾含量（mg/L）
386.4
496.5~552.7
592.4~616.6
658.0~678.0
数据暂缺

图 4-15 过渡乳钾地理分布状况

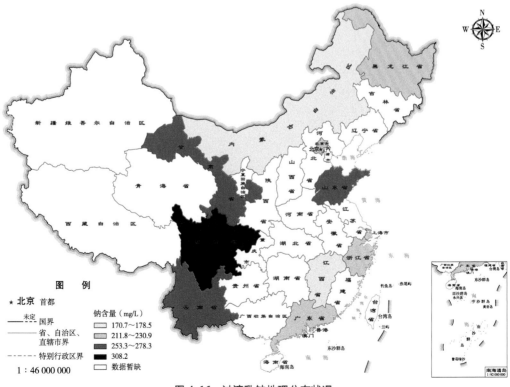

图例

★ 北京 首都

—— 未定 国界

—— 省、自治区、直辖市界

------ 特别行政区界

1:46 000 000

钠含量（mg/L）
170.7~178.5
211.8~230.9
253.3~278.3
308.2
数据暂缺

图 4-16 过渡乳钠地理分布状况

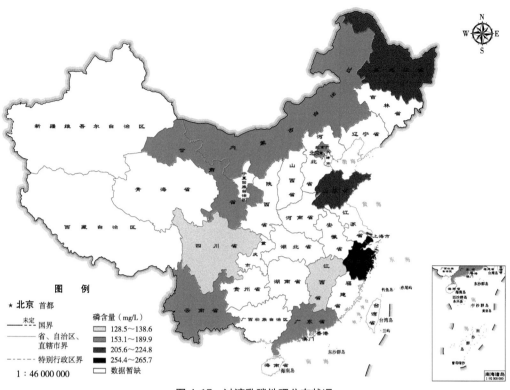

图 4-17　过渡乳磷地理分布状况

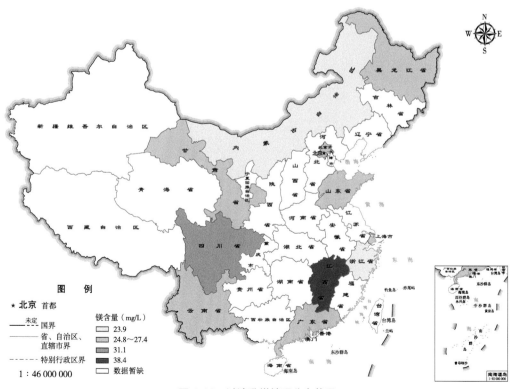

图 4-18　过渡乳镁地理分布状况

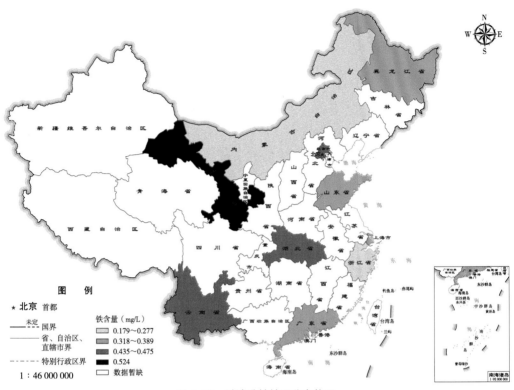

图 4-19 过渡乳铁地理分布状况

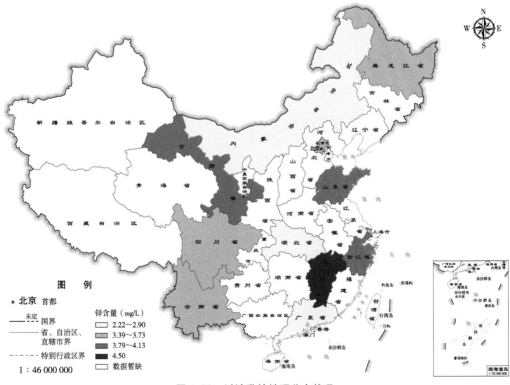

图 4-20 过渡乳锌地理分布状况

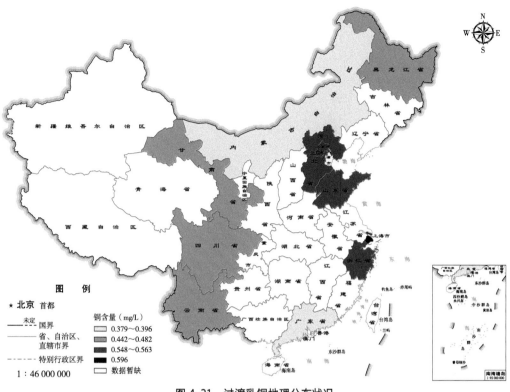

图 4-21 过渡乳铜地理分布状况

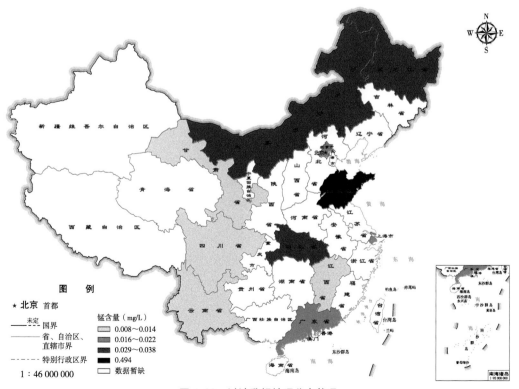

图 4-22 过渡乳锰地理分布状况

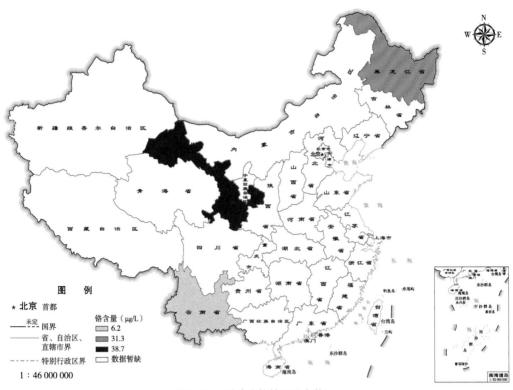

图 4-23　过渡乳铬地理分布状况

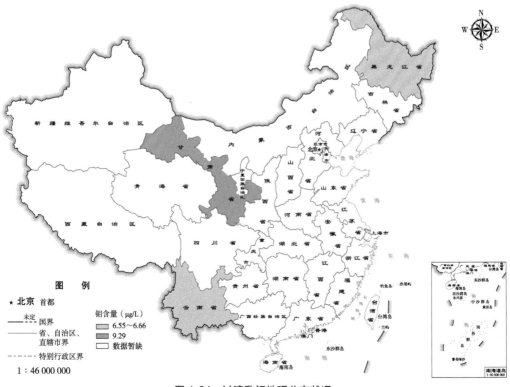

图 4-24　过渡乳钼地理分布状况

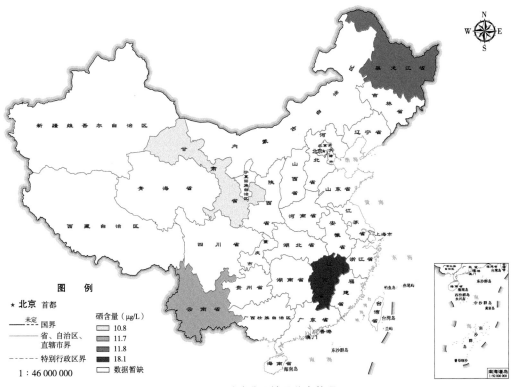

图 4-25　过渡乳硒地理分布状况

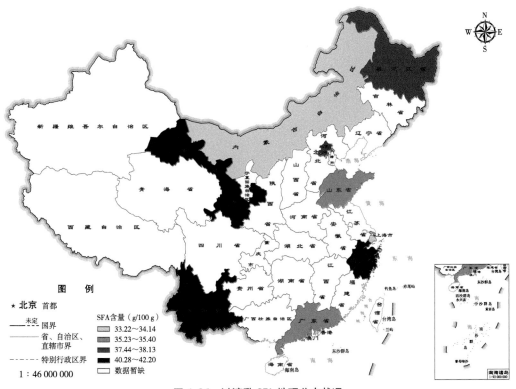

图 4-26　过渡乳 SFA 地理分布状况

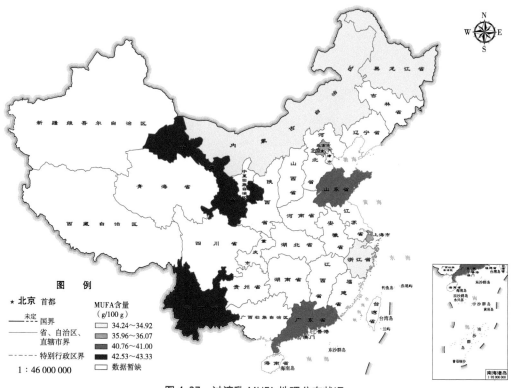

图 4-27　过渡乳 MUFA 地理分布状况

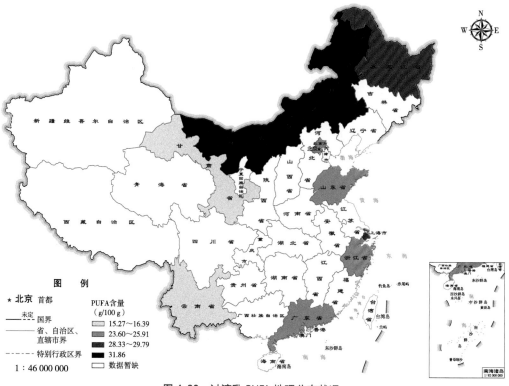

图 4-28　过渡乳 PUFA 地理分布状况

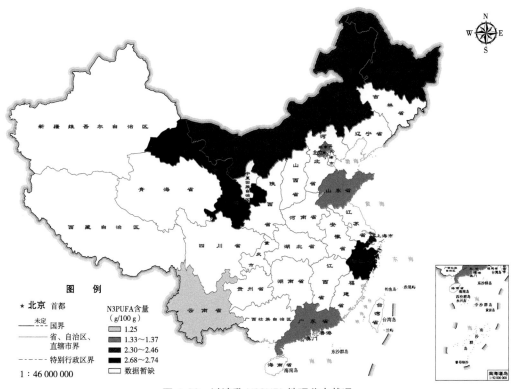

图 4-29　过渡乳 N3PUFA 地理分布状况

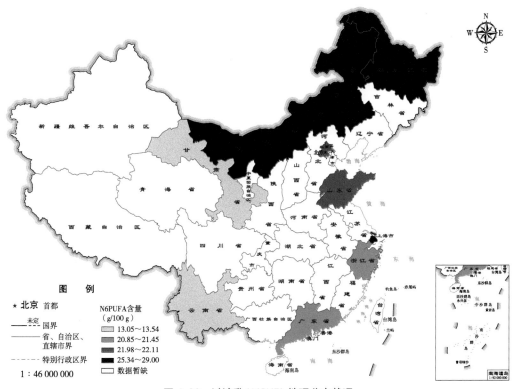

图 4-30　过渡乳 N6PUFA 地理分布状况

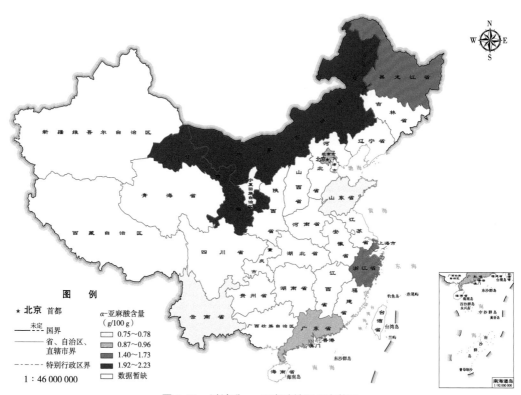

图 4-31 过渡乳 α- 亚麻酸地理分布状况

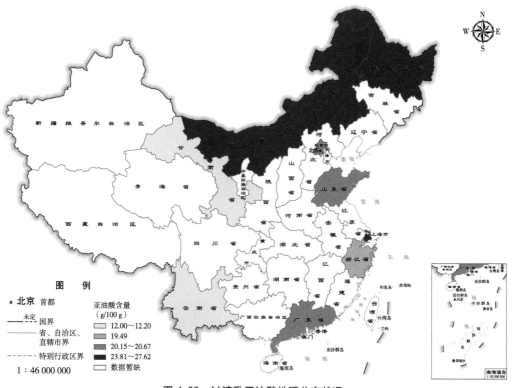

图 4-32 过渡乳亚油酸地理分布状况

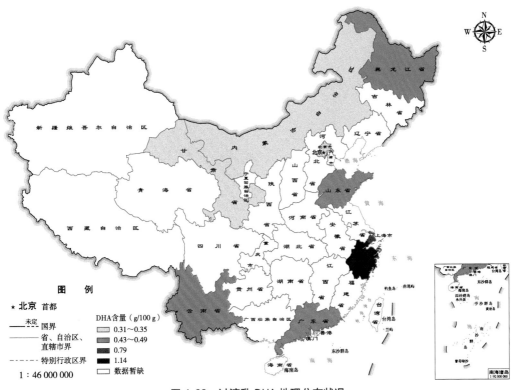

图 4-33　过渡乳 DHA 地理分布状况

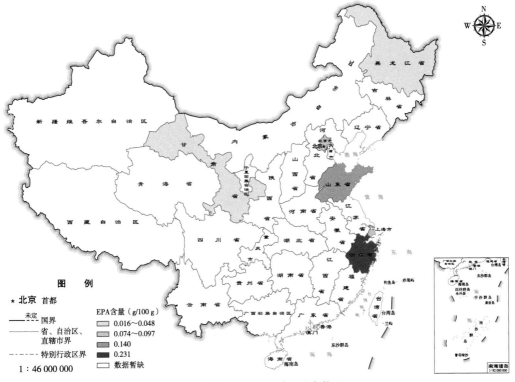

图 4-34　过渡乳 EPA 地理分布状况

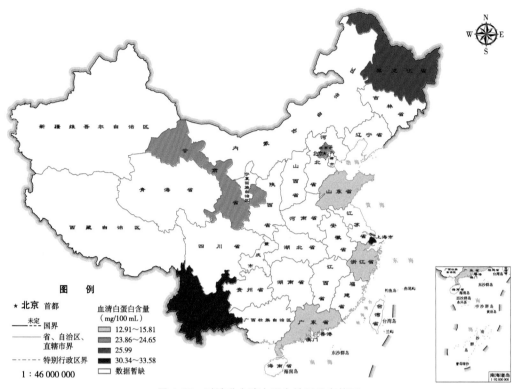

图 4-35　过渡乳血清白蛋白地理分布状况

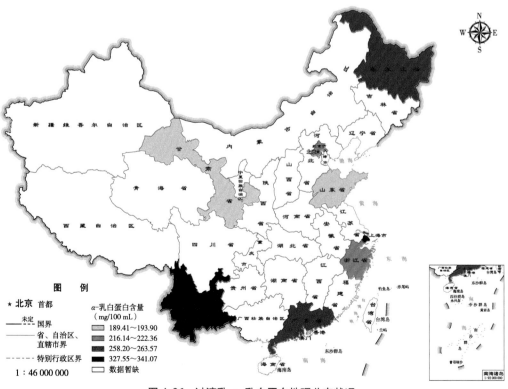

图 4-36　过渡乳 α- 乳白蛋白地理分布状况

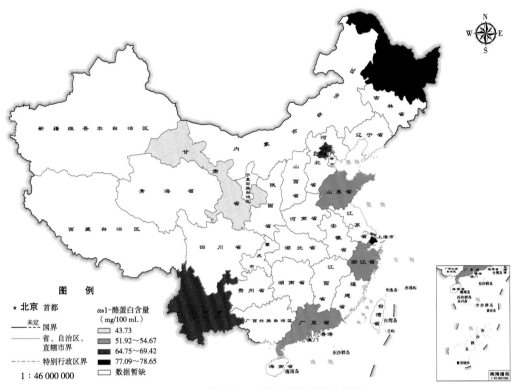

图例

★ 北京 首都

—— 未定 国界
--- 未定

—— 省、自治区、
直辖市界

----- 特别行政区界

1 : 46 000 000

αs1-酪蛋白含量
（mg/100 mL）
▢ 43.73
▢ 51.92~54.67
▨ 64.75~69.42
■ 77.09~78.65
▢ 数据暂缺

图 4-37 过渡乳 αs1-酪蛋白地理分布状况

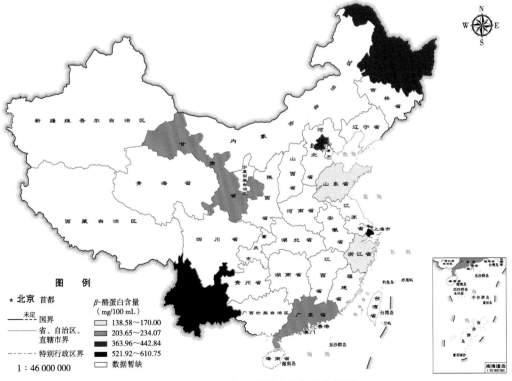

图例

★ 北京 首都

—— 未定 国界
--- 未定

—— 省、自治区、
直辖市界

----- 特别行政区界

1 : 46 000 000

β-酪蛋白含量
（mg/100 mL）
▢ 138.58~170.00
▨ 203.65~234.07
▨ 363.96~442.84
■ 521.92~610.75
▢ 数据暂缺

图 4-38 过渡乳 β-酪蛋白地理分布状况

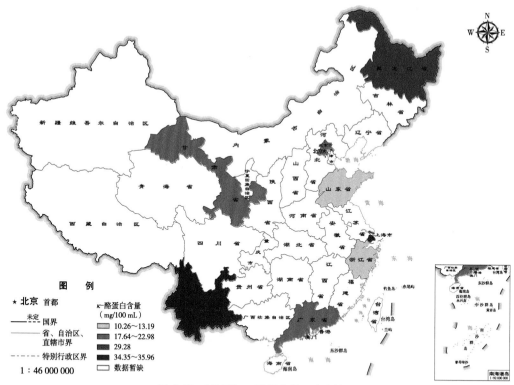

图 4-39 过渡乳 κ- 酪蛋白地理分布状况

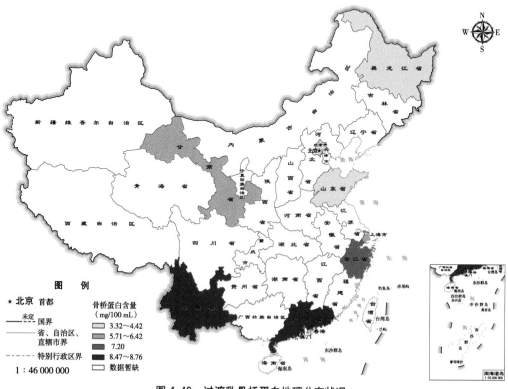

图 4-40 过渡乳骨桥蛋白地理分布状况

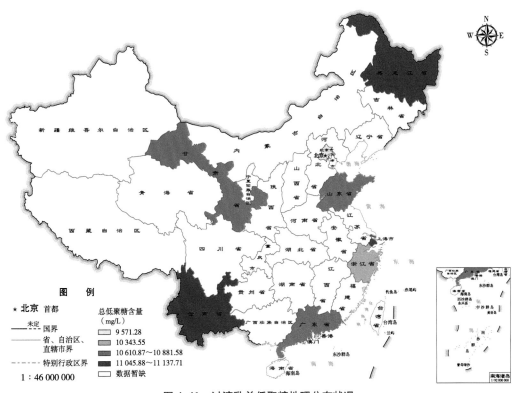

图 4-41 过渡乳总低聚糖地理分布状况

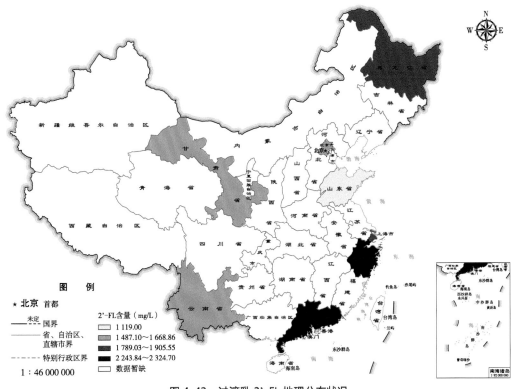

图 4-42 过渡乳 2'-FL 地理分布状况

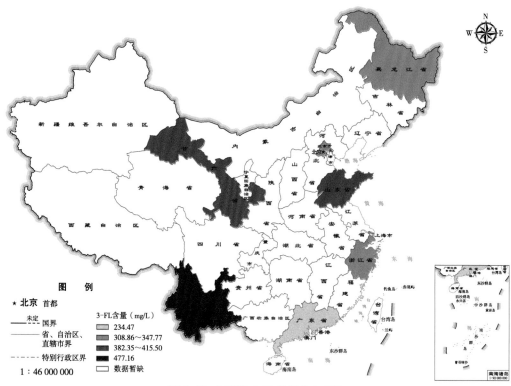

图 4-43 过渡乳 3-FL 地理分布状况

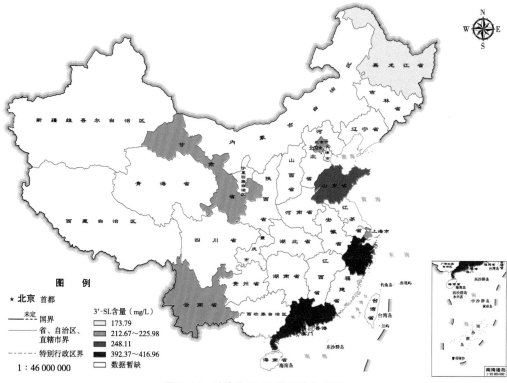

图 4-44 过渡乳 3'-SL 地理分布状况

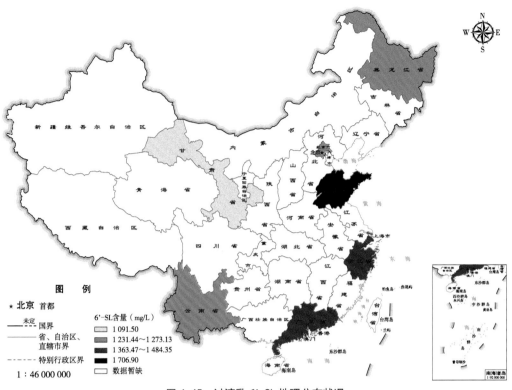

图 4-45 过渡乳 6'-SL 地理分布状况

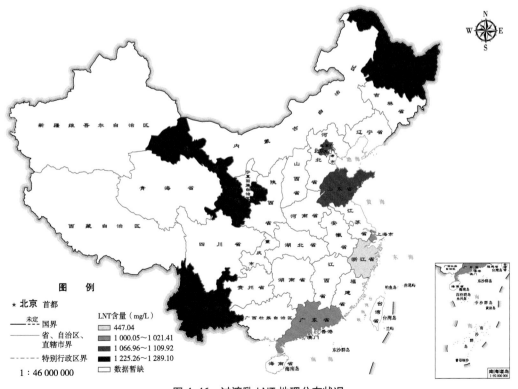

图 4-46 过渡乳 LNT 地理分布状况

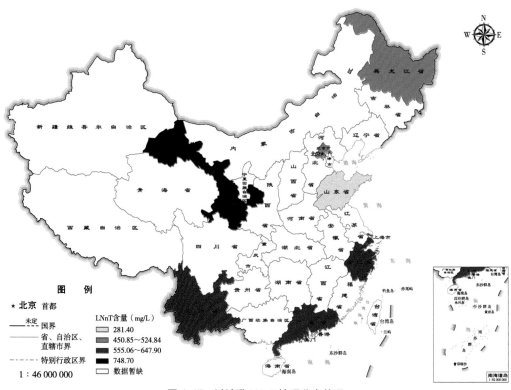

图 4-47　过渡乳 LNnT 地理分布状况

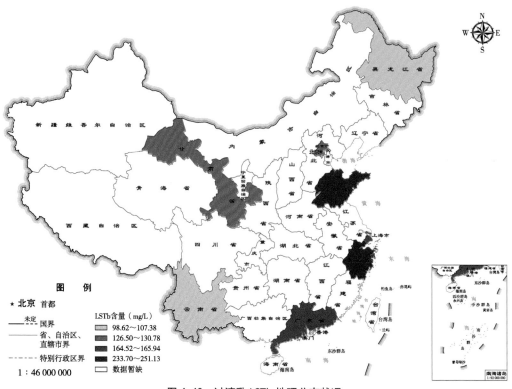

图 4-48　过渡乳 LSTb 地理分布状况

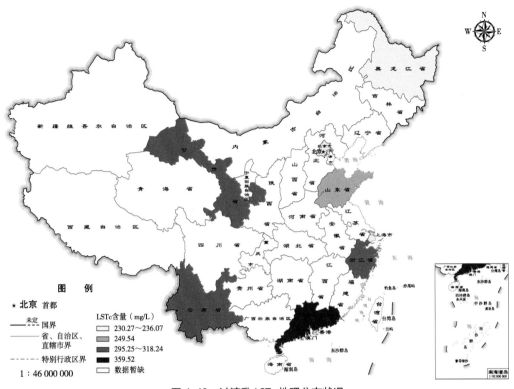

图 4-49　过渡乳 LSTc 地理分布状况

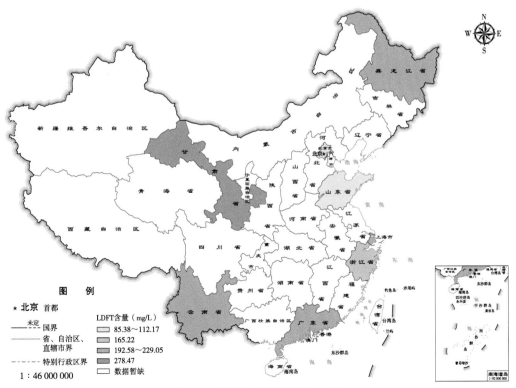

图 4-50　过渡乳 LDFT 地理分布状况

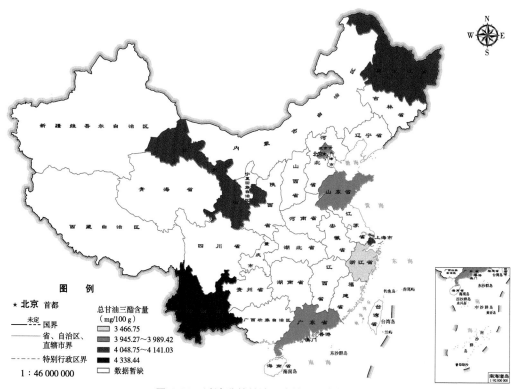

图 4-51 过渡乳总甘油三酯地理分布状况

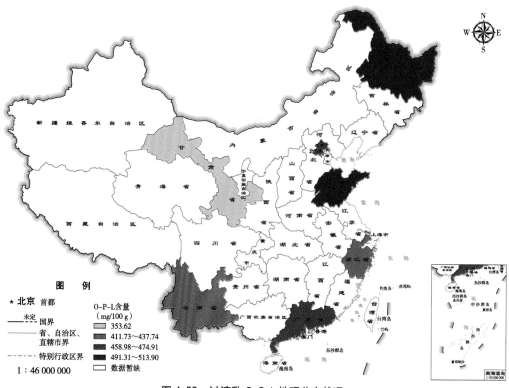

图 4-52 过渡乳 O-P-L 地理分布状况

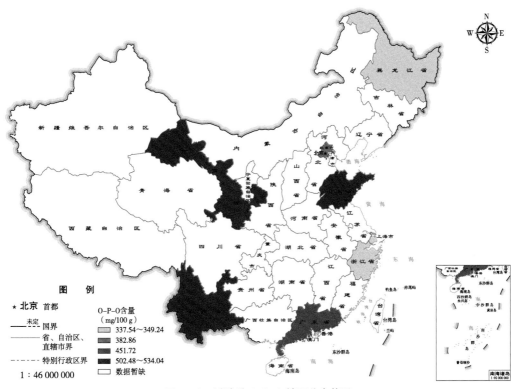

图 4-53　过渡乳 O-P-O 地理分布状况

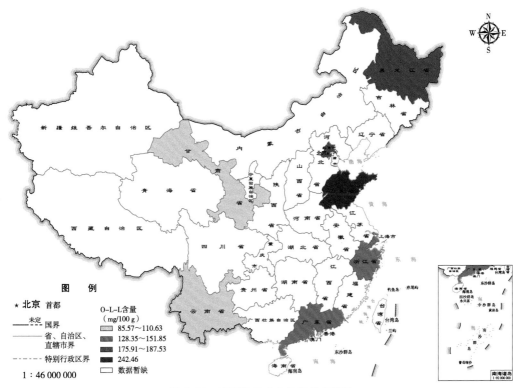

图 4-54　过渡乳 O-L-L 地理分布状况

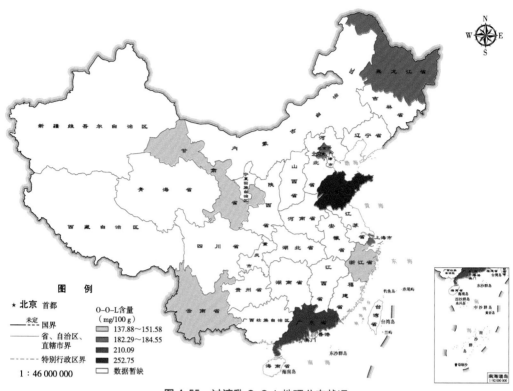

图例

★ 北京 首都
—— 未定 国界
—— 省、自治区、直辖市界
------ 特别行政区界

1:46 000 000

O-O-L含量
（mg/100 g）
137.88～151.58
182.29～184.55
210.09
252.75
数据暂缺

图 4-55 过渡乳 O-O-L 地理分布状况

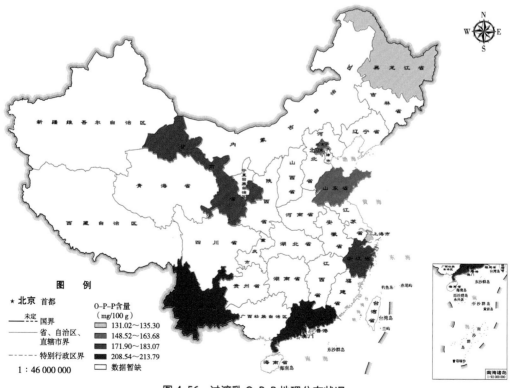

图例

★ 北京 首都
—— 未定 国界
—— 省、自治区、直辖市界
------ 特别行政区界

1:46 000 000

O-P-P含量
（mg/100 g）
131.02～135.30
148.52～163.68
171.90～183.07
208.54～213.79
数据暂缺

图 4-56 过渡乳 O-P-P 地理分布状况

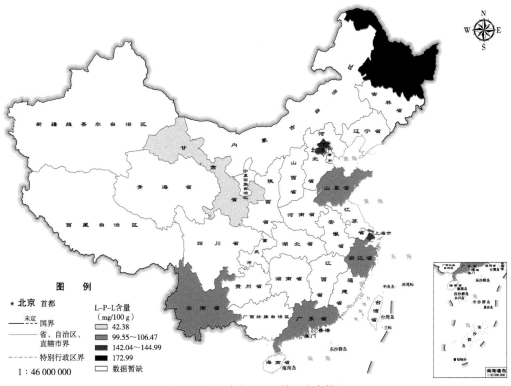

图 4-57 过渡乳 L-P-L 地理分布状况

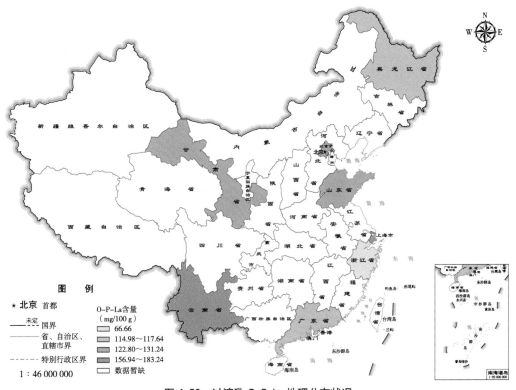

图 4-58 过渡乳 O-P-La 地理分布状况

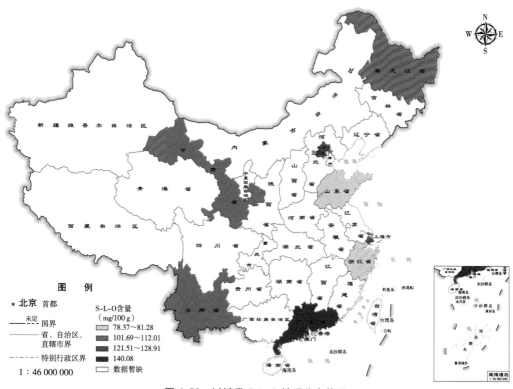

图 4-59 过渡乳 S-L-O 地理分布状况

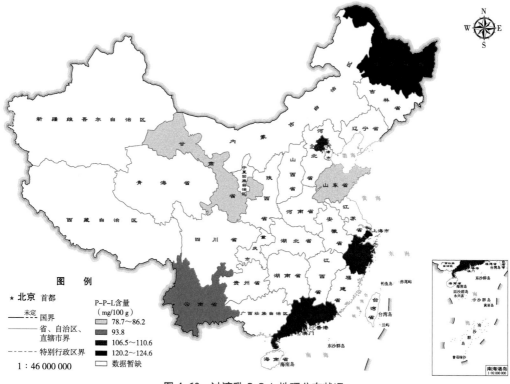

图 4-60 过渡乳 P-P-L 地理分布状况

第五章

成熟乳能量与营养成分地理分布图

我国母乳成熟乳能量与营养成分地理分布状况如图 5-1～图 5-60 所示：能量（图 5-1）、蛋白质（图 5-2）、脂肪（图 5-3）、碳水化合物（图 5-4）、维生素 A（图 5-5）、维生素 B_1（图 5-6）、维生素 B_2（图 5-7）、烟酸（图 5-8）、维生素 B_6（图 5-9）、维生素 C（图 5-10）、维生素 D（图 5-11）、维生素 E（图 5-12）、维生素 K（图 5-13）、泛酸（图 5-14）、生物素（图 5-15）、钙（图 5-16）、钾（图 5-17）、钠（图 5-18）、磷（图 5-19）、镁（图 5-20）、铁（图 5-21）、锌（图 5-22）、铜（图 5-23）、锰（图 5-24）、铬（图 5-25）、钼（图 5-26）、硒（图 5-27）、 碘（图 5-28）、SFA（图 5-29）、MUFA（图 5-30）、PUFA（图 5-31）、N3PUFA（图 5-32）、N6PUFA（图 5-33）、α- 亚麻酸（图 5-34）、亚油酸（图 5-35）、DHA（图 5-36）、EPA（图 5-37）、血清白蛋白（图 5-38）、α- 乳白蛋白（图 5-39）、$\alpha s1$- 酪蛋白（图 5-40）、β- 酪蛋白（图 5-41）、κ- 酪蛋白（图 5-42）、骨桥蛋白（图 5-43）、总低聚糖（图 5-44）、2'-FL（图 5-45）、3-FL（图 5-46）、3'-SL（图 5-47）、6'-SL（图 5-48）、LNT（图 5-49）、LNnT（图 5-50）、LSTb（图 5-51）、LSTc（图 5-52）、总甘油三酯（图 5-53）、O-P-L（图 5-54）、O-P-O（图 5-55）、O-L-L（图 5-56）、O-O-L（图 5-57）、O-P-P（图 5-58）、L-P-L（图 5-59）、S-L-O（图 5-60）。

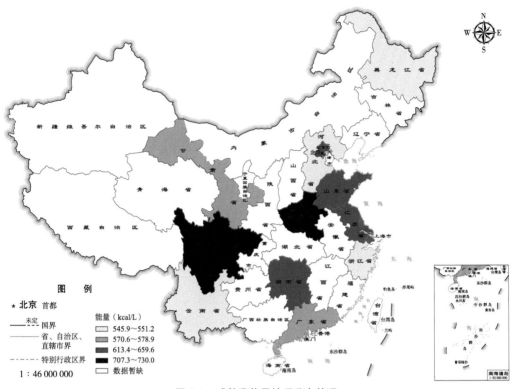

图5-1 成熟乳能量地理分布状况

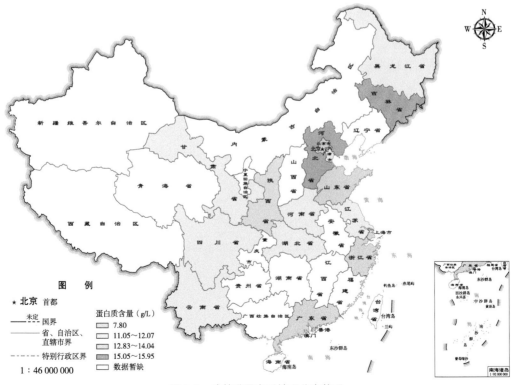

图5-2 成熟乳蛋白质地理分布状况

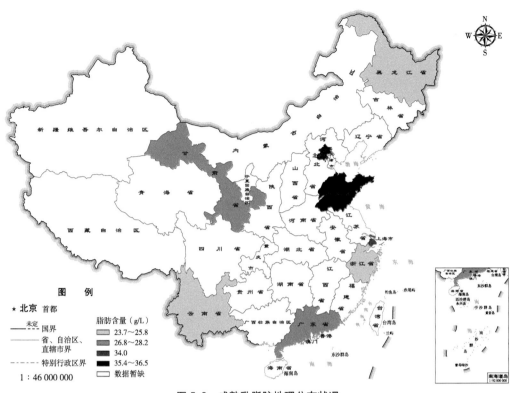

图 5-3　成熟乳脂肪地理分布状况

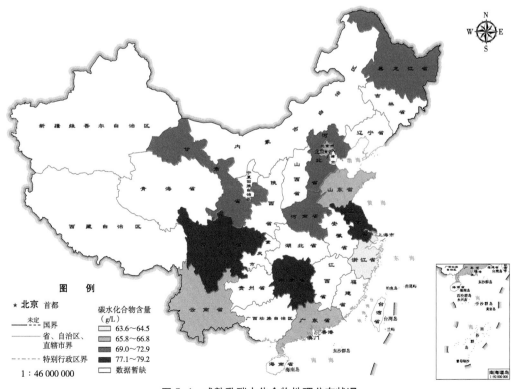

图 5-4　成熟乳碳水化合物地理分布状况

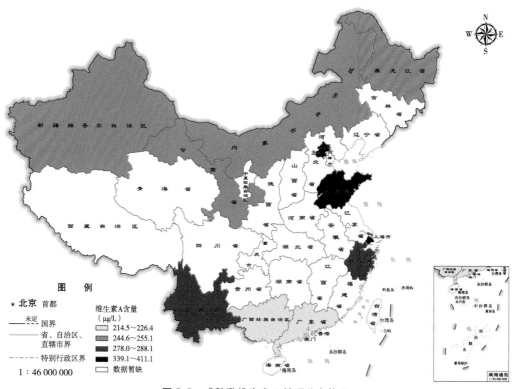

图 5-5　成熟乳维生素 A 地理分布状况

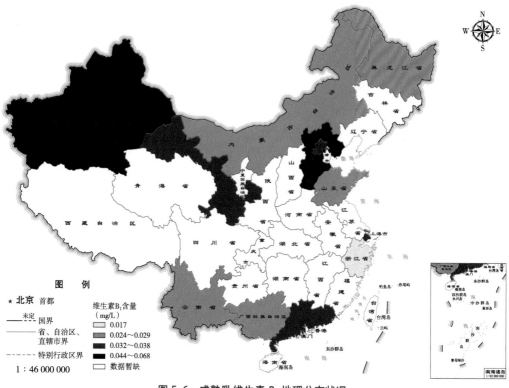

图 5-6　成熟乳维生素 B₁ 地理分布状况

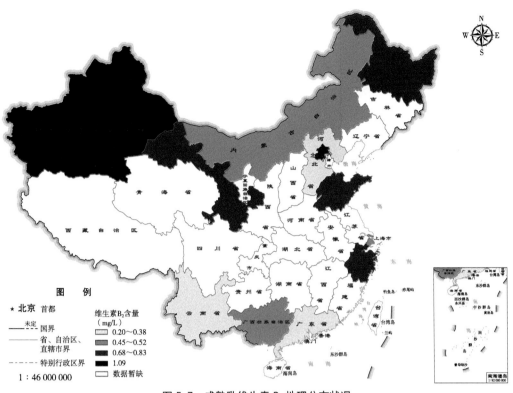

图例

★ 北京 首都

—— 未定 国界

—— 省、自治区、直辖市界

----- 特别行政区界

1：46 000 000

维生素B₂含量（mg/L）

$\square$ 0.20～0.38

$\square$ 0.45～0.52

$\blacksquare$ 0.68～0.83

$\blacksquare$ 1.09

$\square$ 数据暂缺

图 5-7 成熟乳维生素 B₂ 地理分布状况

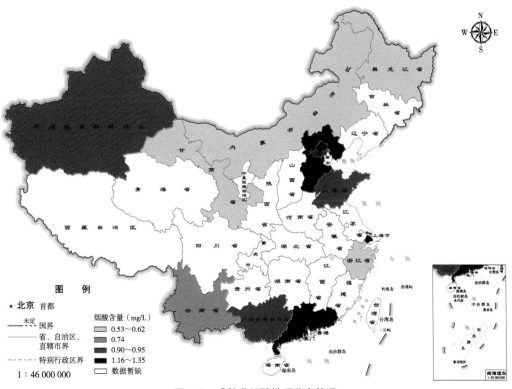

图例

★ 北京 首都

—— 未定 国界

—— 省、自治区、直辖市界

----- 特别行政区界

1：46 000 000

烟酸含量（mg/L）

$\square$ 0.53～0.62

$\square$ 0.74

$\blacksquare$ 0.90～0.95

$\blacksquare$ 1.16～1.35

$\square$ 数据暂缺

图 5-8 成熟乳烟酸地理分布状况

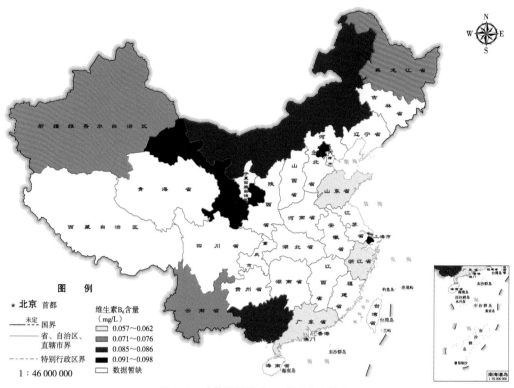

图 5-9　成熟乳维生素 B₆ 地理分布状况

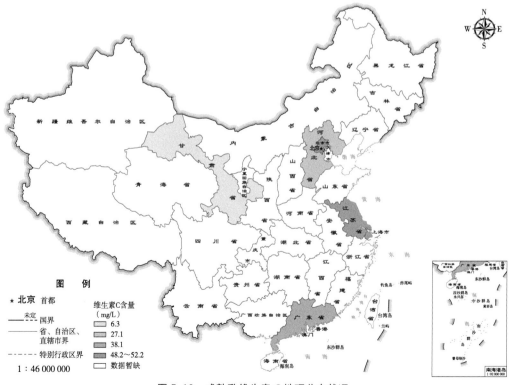

图 5-10　成熟乳维生素 C 地理分布状况

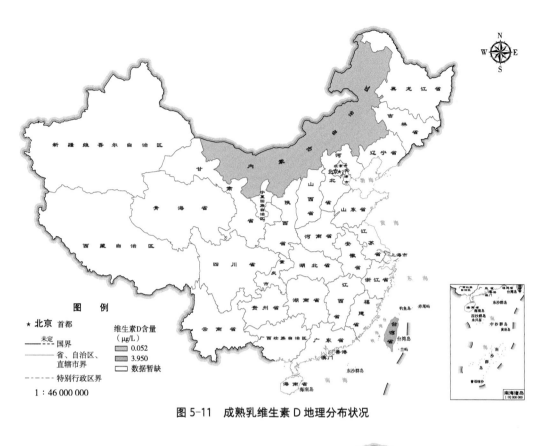

图 5-11　成熟乳维生素 D 地理分布状况

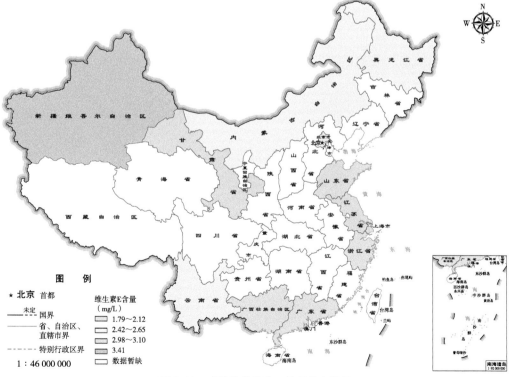

图 5-12　成熟乳维生素 E 地理分布状况

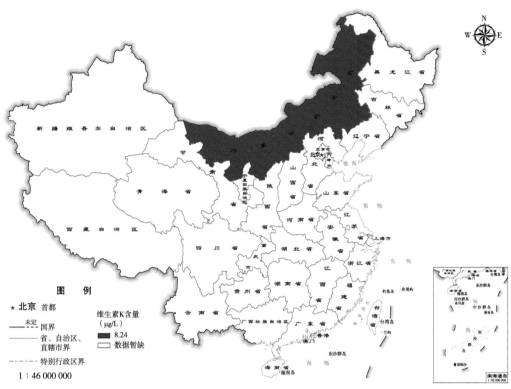

图 5-13　成熟乳维生素 K 地理分布状况

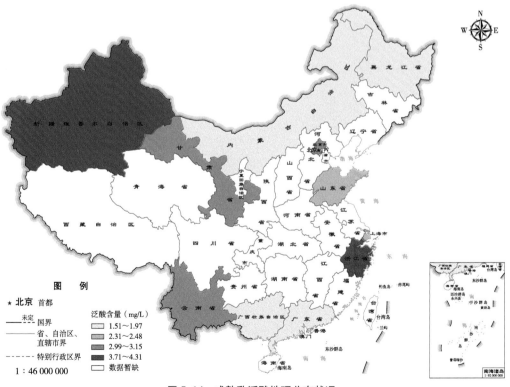

图 5-14　成熟乳泛酸地理分布状况

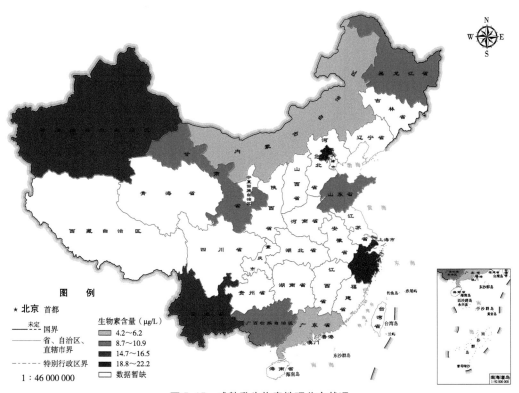

图 5-15　成熟乳生物素地理分布状况

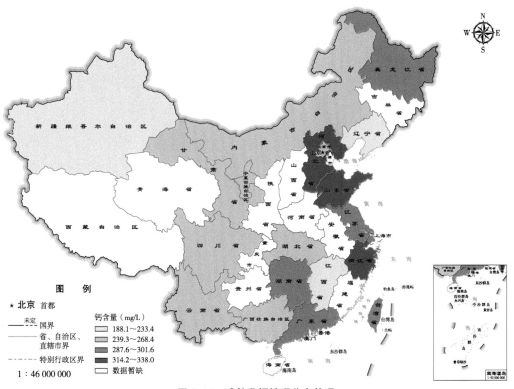

图 5-16　成熟乳钙地理分布状况

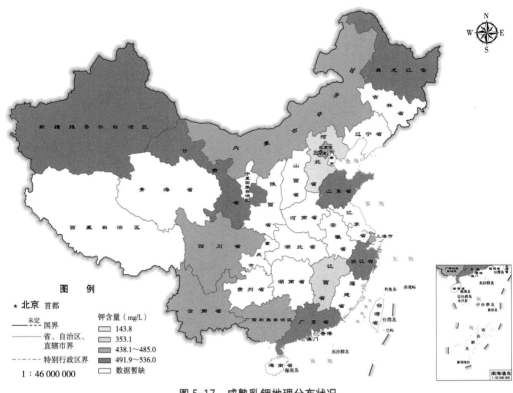

图 例

★ 北京 首都

──── 未定 国界

──── 省、自治区、
直辖市界

─·─·─ 特别行政区界

1 : 46 000 000

钾含量（mg/L）
143.8
353.1
438.1～485.0
491.9～536.0
数据暂缺

图 5-17　成熟乳钾地理分布状况

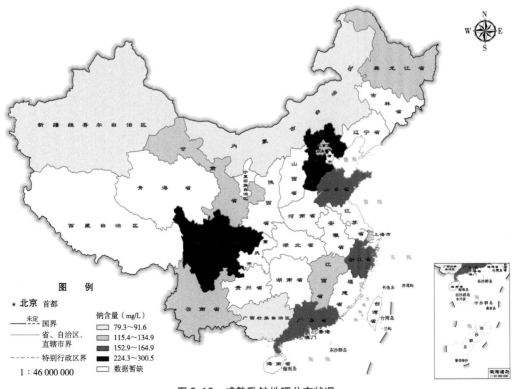

图 例

★ 北京 首都

──── 未定 国界

──── 省、自治区、
直辖市界

─·─·─ 特别行政区界

1 : 46 000 000

钠含量（mg/L）
79.3～91.6
115.4～134.9
152.9～164.9
224.3～300.5
数据暂缺

图 5-18　成熟乳钠地理分布状况

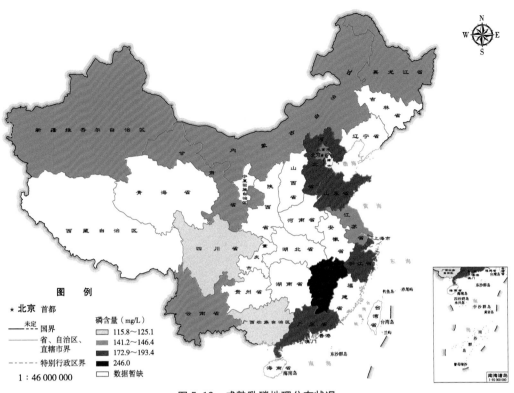

图 5-19　成熟乳磷地理分布状况

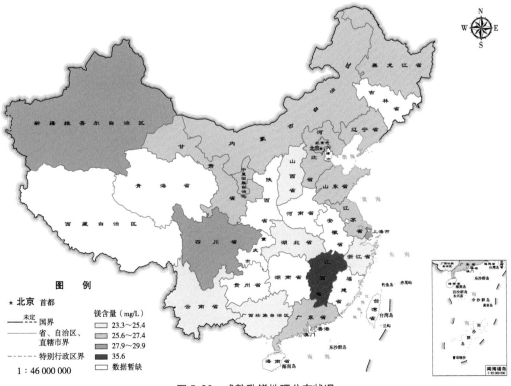

图 5-20　成熟乳镁地理分布状况

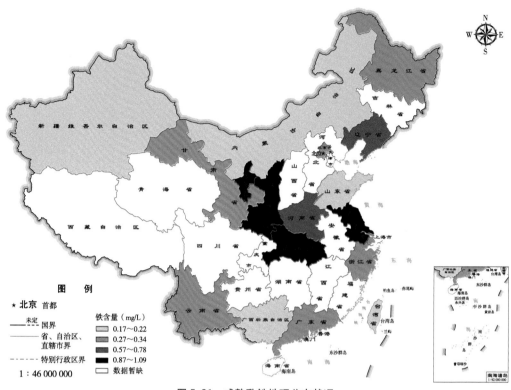

图 5-21　成熟乳铁地理分布状况

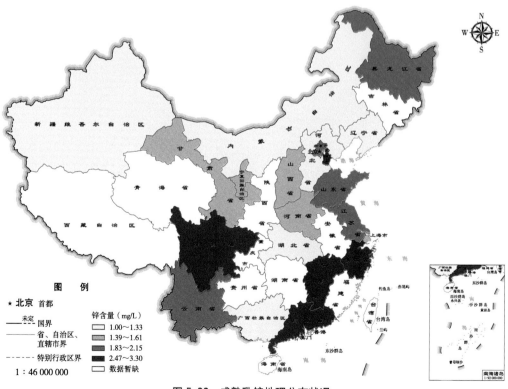

图 5-22　成熟乳锌地理分布状况

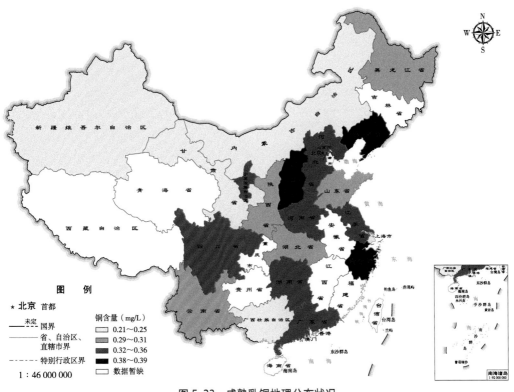

图 5-23 成熟乳铜地理分布状况

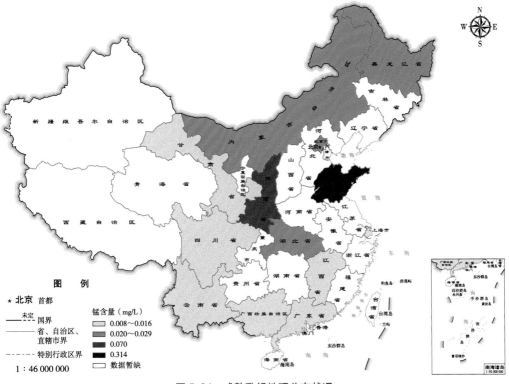

图 5-24 成熟乳锰地理分布状况

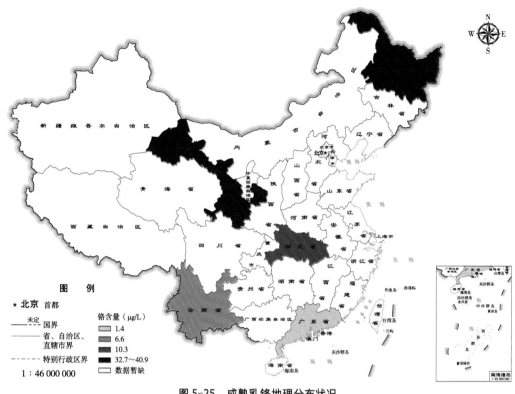

图 5-25　成熟乳铬地理分布状况

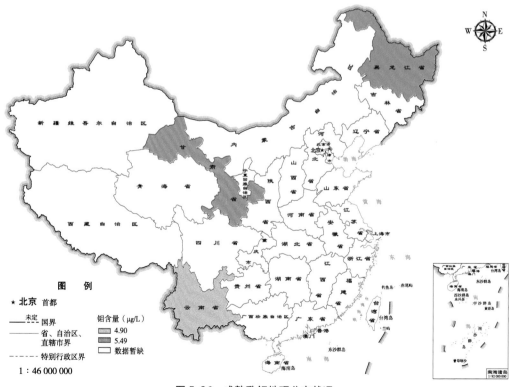

图 5-26　成熟乳钼地理分布状况

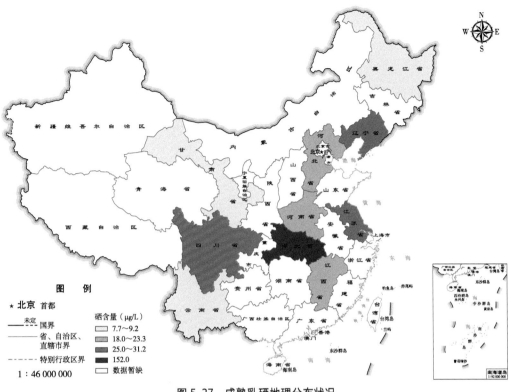

图 5-27　成熟乳硒地理分布状况

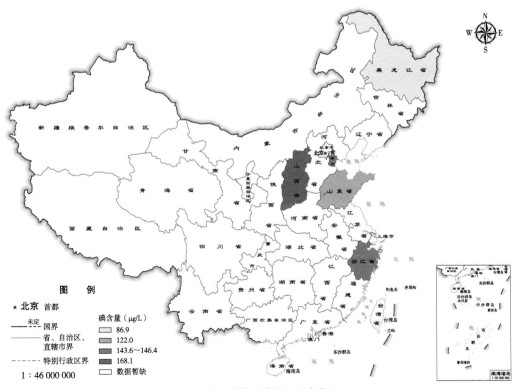

图 5-28　成熟乳碘地理分布状况

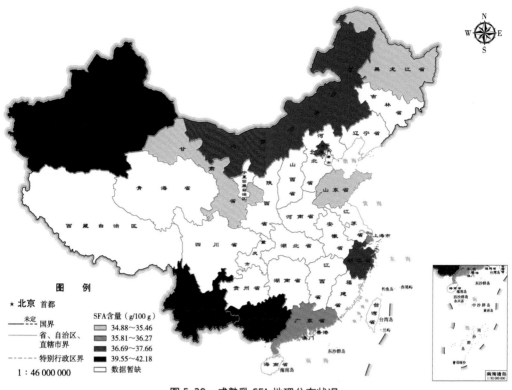

图 5-29　成熟乳 SFA 地理分布状况

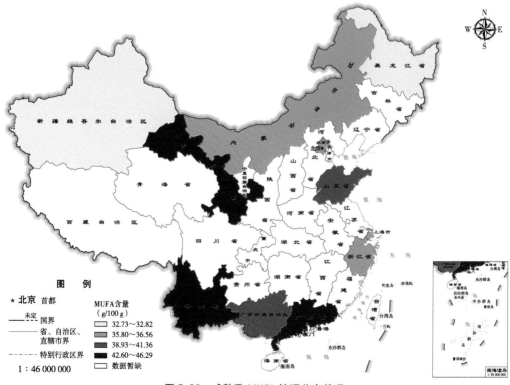

图 5-30　成熟乳 MUFA 地理分布状况

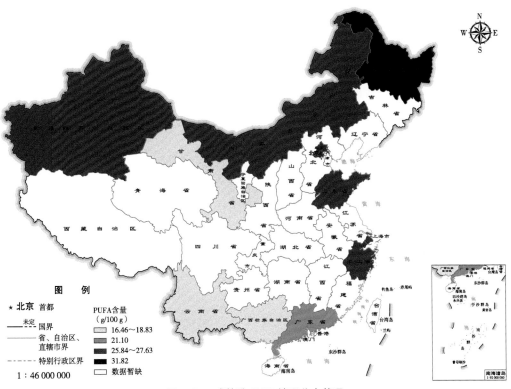

图 5-31　成熟乳 PUFA 地理分布状况

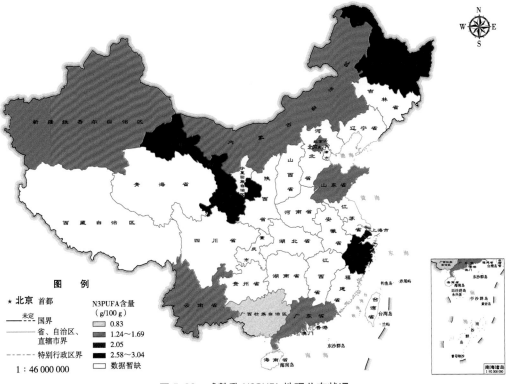

图 5-32　成熟乳 N3PUFA 地理分布状况

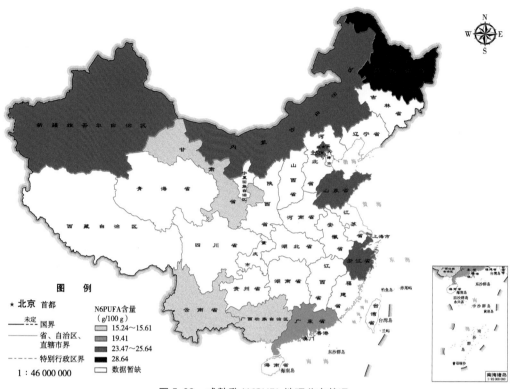

图 5-33 成熟乳 N6PUFA 地理分布状况

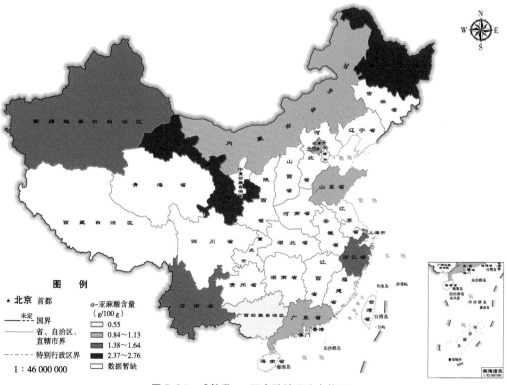

图 5-34 成熟乳 α- 亚麻酸地理分布状况

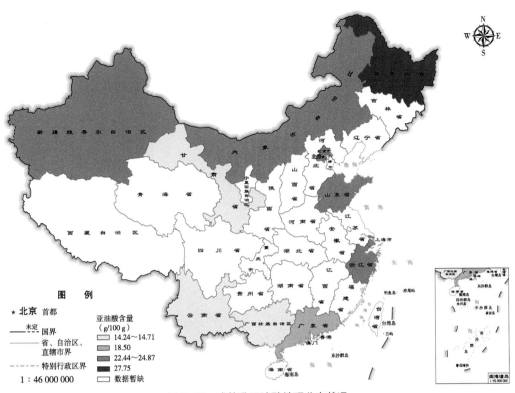

图 5-35　成熟乳亚油酸地理分布状况

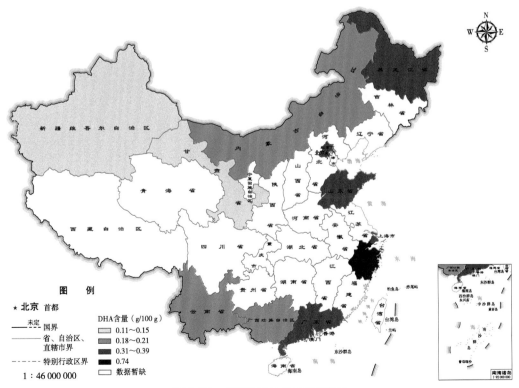

图 5-36　成熟乳 DHA 地理分布状况

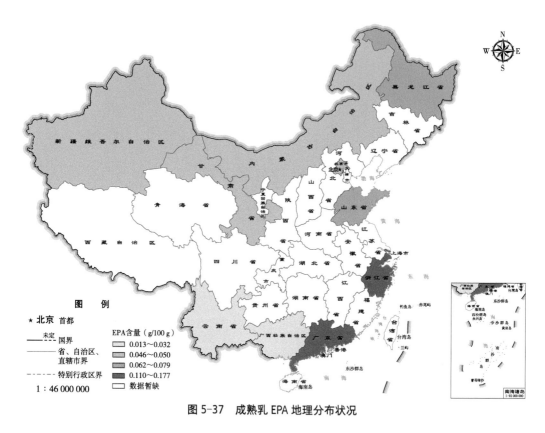

图 5-37 成熟乳 EPA 地理分布状况

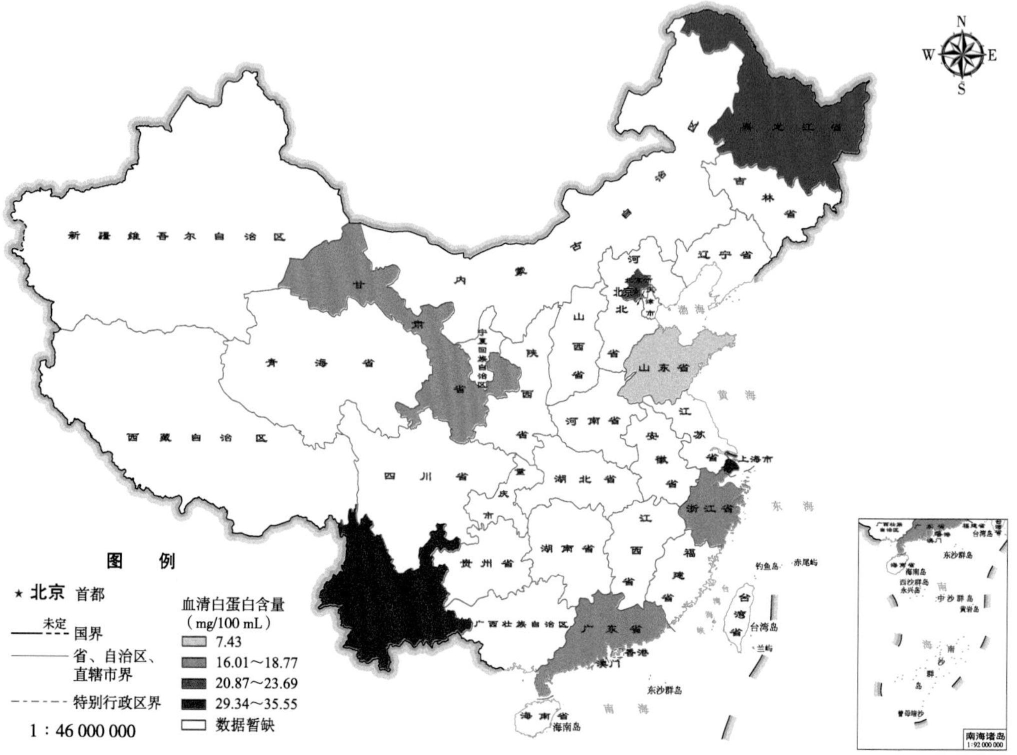

图 5-38 成熟乳血清白蛋白地理分布状况

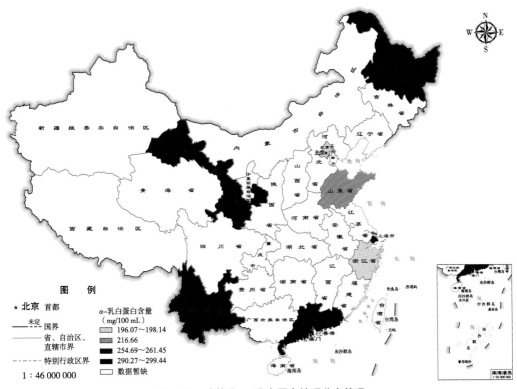

图 5-39　成熟乳 α- 乳白蛋白地理分布状况

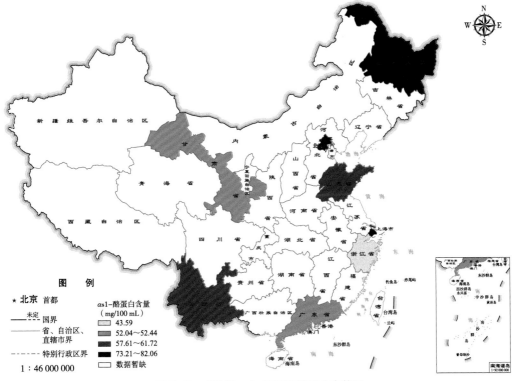

图 5-40　成熟乳 αs1- 酪蛋白地理分布状况

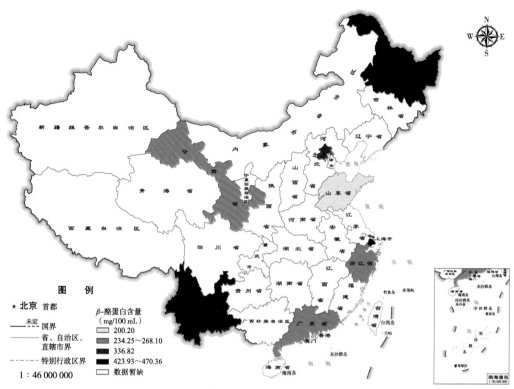

图 5-41　成熟乳 β- 酪蛋白地理分布状况

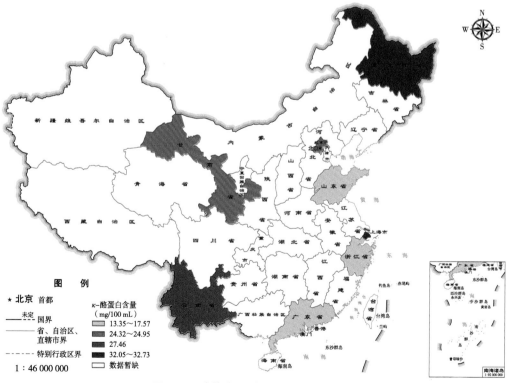

图 5-42　成熟乳 κ- 酪蛋白地理分布状况

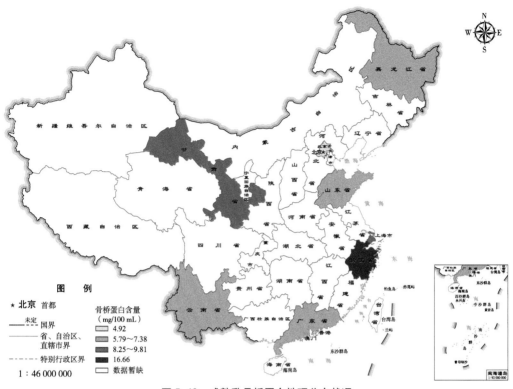

图 5-43　成熟乳骨桥蛋白地理分布状况

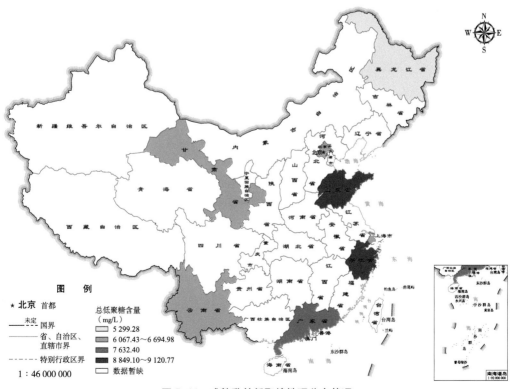

图 5-44　成熟乳总低聚糖地理分布状况

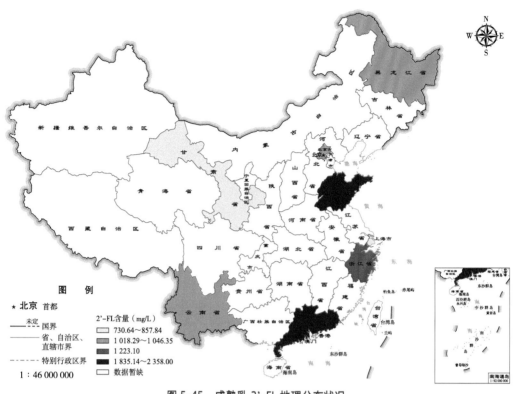

图 5-45 成熟乳 2'-FL 地理分布状况

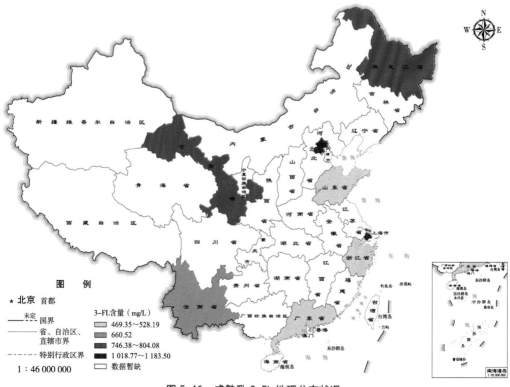

图 5-46 成熟乳 3-FL 地理分布状况

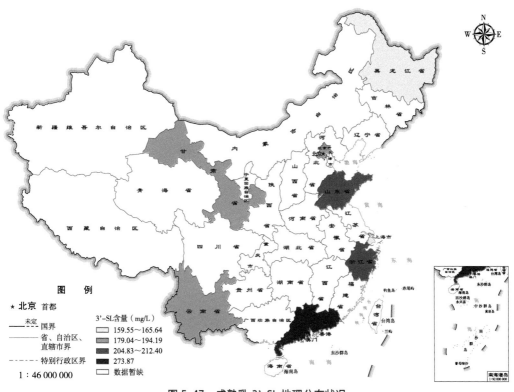

图 5-47 成熟乳 3'-SL 地理分布状况

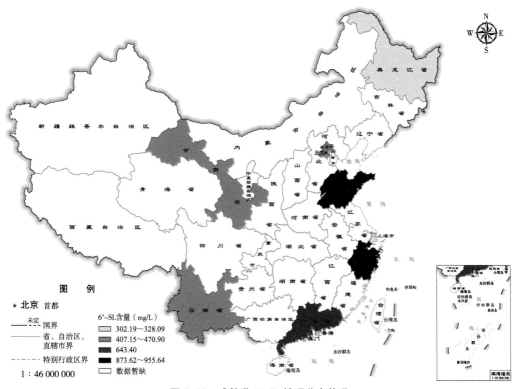

图 5-48 成熟乳 6'-SL 地理分布状况

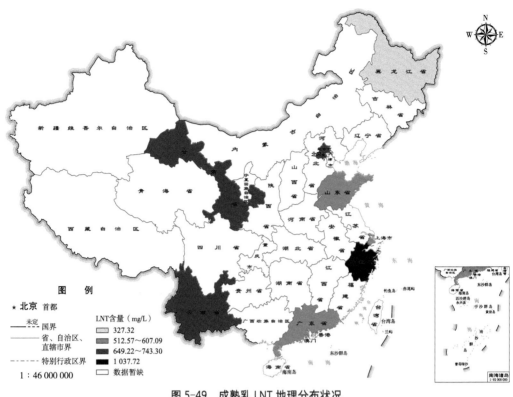

图 5-49　成熟乳 LNT 地理分布状况

图　例

★北京　首都

——— 未定　国界

——— 省、自治区、直辖市界

-·-·- 特别行政区界

1：46 000 000

LNT含量（mg/L）

▢ 327.32

▨ 512.57～607.09

▨ 649.22～743.30

■ 1 037.72

▢ 数据暂缺

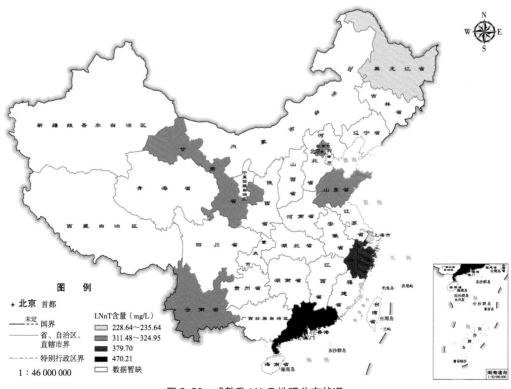

图 5-50　成熟乳 LNnT 地理分布状况

图　例

★北京　首都

——— 未定　国界

——— 省、自治区、直辖市界

-·-·- 特别行政区界

1：46 000 000

LNnT含量（mg/L）

▢ 228.64～235.64

▨ 311.48～324.95

▨ 379.70

■ 470.21

▢ 数据暂缺

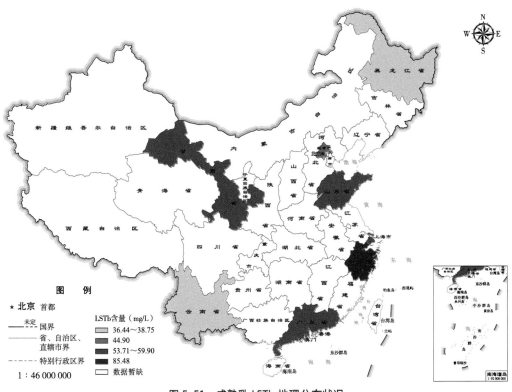

图 5-51　成熟乳 LSTb 地理分布状况

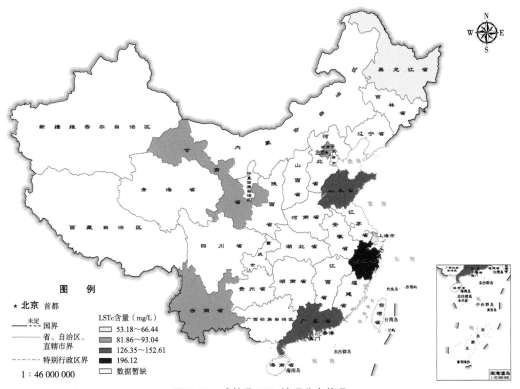

图 5-52　成熟乳 LSTc 地理分布状况

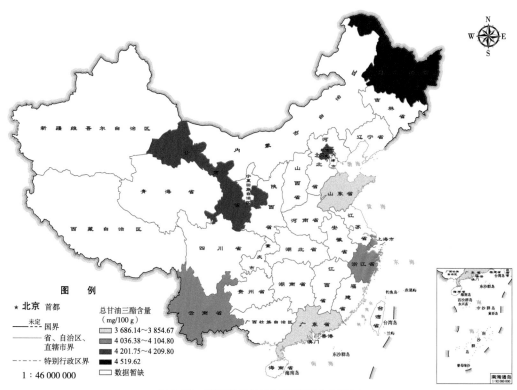

图 5-53 成熟乳总甘油三酯地理分布状况

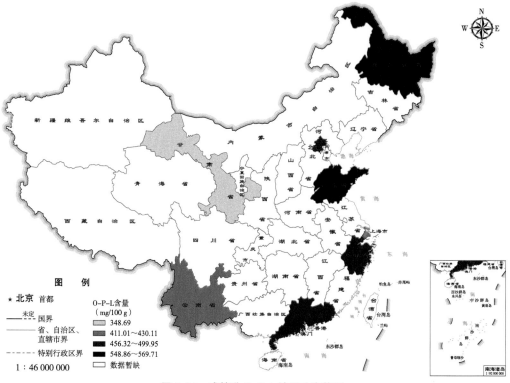

图 5-54 成熟乳 O-P-L 地理分布状况

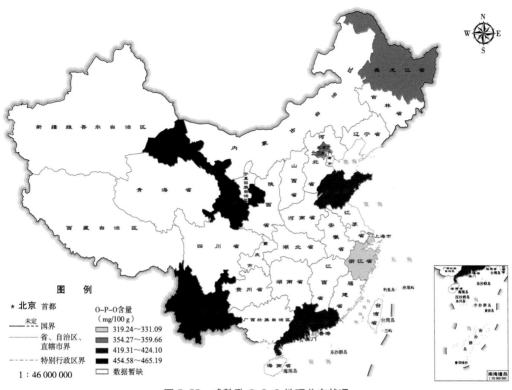

图 5-55　成熟乳 O-P-O 地理分布状况

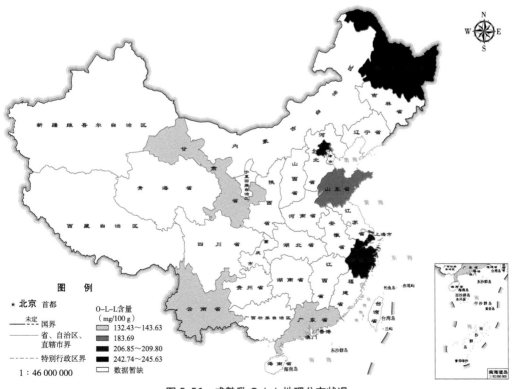

图 5-56　成熟乳 O-L-L 地理分布状况

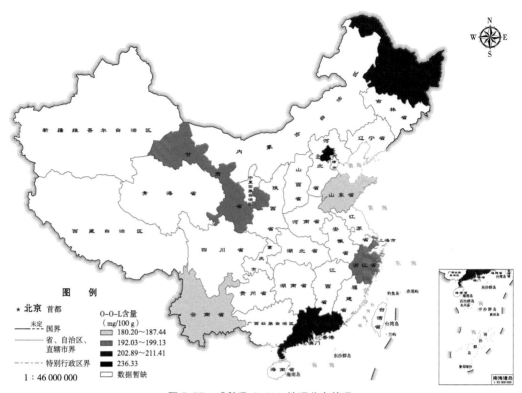

图例

★ 北京 首都

—— 未定 国界

—— 省、自治区、
直辖市界

----- 特别行政区界

O-O-L含量
（mg/100 g）

■ 180.20～187.44
■ 192.03～199.13
■ 202.89～211.41
■ 236.33
□ 数据暂缺

1：46 000 000

图 5-57　成熟乳 O-O-L 地理分布状况

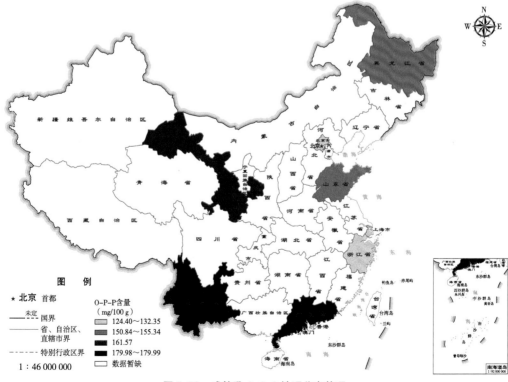

图例

★ 北京 首都

—— 未定 国界

—— 省、自治区、
直辖市界

----- 特别行政区界

O-P-P含量
（mg/100 g）

■ 124.40～132.35
■ 150.84～155.34
■ 161.57
■ 179.98～179.99
□ 数据暂缺

1：46 000 000

图 5-58　成熟乳 O-P-P 地理分布状况

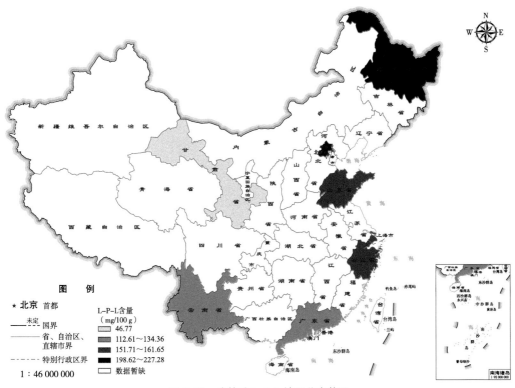

图 5-59　成熟乳 L-P-L 地理分布状况

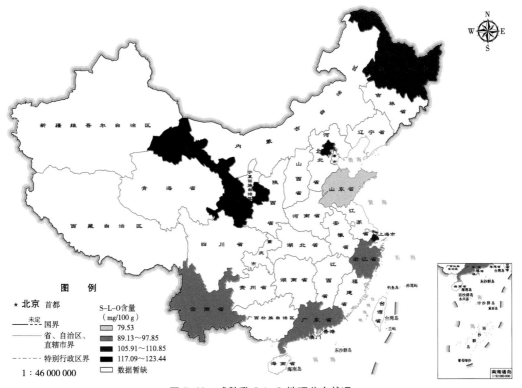

图 5-60　成熟乳 S-L-O 地理分布状况

参考文献

毕烨，洪新宇，董彩霞，等，2021. 中国城乡乳母不同泌乳阶段乳汁中宏量营养素含量的研究 [J/OL]. 营养学报，43（4）：322-327. DOI：10.13325/j.cnki.acta.nutr.sin.2021.04.003.

段一凡，任一平，喻颖杰，等，2021. 中国城乡不同泌乳阶段母乳中氨基酸构成与含量的研究 [J/OL]. 营养学报，43（4）：334-341. DOI：10.13325/j.cnki.acta.nutr.sin.2021.04.005.

赖建强，2020. 不断探索母乳科学奥秘，更新人类对母乳的认知 [J/OL]. 中华围产医学杂志，23（7）：441-446. DOI：10.3760/cma.j.cn113903-20200619-00578.

庞学红，赵耀，孙忠清，等，2021. 中国城乡不同泌乳阶段母乳中宏量元素含量的研究 [J/OL]. 营养学报，43（4）：342-346. DOI：10.13325/j.cnki.acta.nutr.sin.2021.04.006.

王杰，许丽丽，任一平，等，2021. 中国城乡乳母不同泌乳阶段母乳蛋白质组分含量的研究 [J/OL]. 营养学报，43（4）：328-333. DOI：10.13325/j.cnki.acta.nutr.sin.2021.04.004.

王烨，金子程，赖建强，2023. 母乳成分与生命早期生长发育队列研究的系统综述 [J/OL]. 中国食物与营养：1-12. DOI：10.19870/j.cnki.11-3716/ts.20221028.001.

魏九玲，任向楠，王鑫，等，2020. 中国六地区人乳宏量营养成分研究 [J/OL]. 营养学报，42（1）：7-11.DOI：10.13325/j.cnki.acta.nutr.sin.2020.01.001.

邢新新，牛然，赖建强，2022. 母乳质量的变化规律研究进展 [J/OL]. 中国食物与营养，28（11）：71-77.DOI：10.19870/j.cnki.11-3716/ts.20210902.003.

邢新新，杨振宇，周鹏，等，2022. 母乳科学研究支撑母乳喂养促进行动 [J/OL]. 中华围产医学杂志，25（10）：732-737. DOI：10.3760/cma.j.cn113903-20220912-00813.

张环美，万蓉，陈波，等，2021. 中国城乡不同泌乳阶段母乳维生素 A 和维生素 E 含量研究 [J/OL]. 营养学报，43（4）：347-351，357. DOI：10.13325/j.cnki.acta.nutr.sin.20210722.001.